机械系统可靠性分析新方法

张春宜 著

科学出版社

北京

内 容 简 介

　　本书探索了机械系统可靠性分析和可靠性设计的多种新方法，共 15章，主要包括：基于基本杆组法的机构动态可靠性分析、基于基本杆组法的机构动态可靠性优化设计、机械系统可靠性分析的极值响应面法、基于极值响应面法的柔性机构动态可靠性分析、基于极值响应面法的柔性机构可靠性优化设计、可靠性分析的多重极值响应面法、耦合失效机械系统可靠性分析的遗传克里金-多重极值响应面法、基于智能极值响应面法的动态可靠性分析、机械系统可靠性优化设计的粒子群-智能极值响应面法、基于智能多重响应面法的多失效模式结构可靠性分析、基于多目标粒子群-智能多重响应面法的结构可靠性优化设计、可靠性分析的广义回归极值响应面法、疲劳-蠕变耦合损伤可靠性分析的分布协同广义回归响应面法、基于分布协同广义回归极值响应面法的可靠性分析方法、多目标协同可靠性优化设计。

　　本书可供机械工程领域的科研和工程技术人员使用，也可供高校院所中机械工程专业的师生参考。

图书在版编目（CIP）数据

机械系统可靠性分析新方法 / 张春宜著. -- 北京：科学出版社，2025.3
ISBN 978-7-03-079319-5

Ⅰ. TH

中国国家版本馆 CIP 数据核字第 20245TJ069 号

责任编辑：张　庆　韩海童 / 责任校对：韩　杨
责任印制：徐晓晨 / 封面设计：无极书装

科 学 出 版 社 出版
北京东黄城根北街 16 号
邮政编码：100717
http://www.sciencep.com

北京九州迅驰传媒文化有限公司印刷
科学出版社发行　各地新华书店经销
*

2025 年 3 月第　一　版　　开本：720×1000　1/16
2025 年 3 月第一次印刷　　印张：15 1/2
字数：309 000
定价：158.00 元
（如有印装质量问题，我社负责调换）

前　　言

随着社会发展和科技进步，相关行业对复杂机械系统可靠性的要求越来越高。复杂机械系统动力学方程多数情况下是高阶微分代数混合方程组，具有非线性、强耦合和时变等特点，其可靠性极限状态方程不能表达为显式，无法进行解析求解，更无法进行可靠性优化设计，只能用数值法求解。数值求解计算量大，有时甚至无法实现。因此，可进行复杂机械系统可靠性分析及优化设计，进而找到新方法。

作者探索了复杂机械系统可靠性分析多种新方法。本书是作者近些年科研成果的总结。

在撰写过程中，作者尽量做到使每一章都相对独立可读，各章符号相对独立。章节按照"前一章写可靠性分析的新方法、接下来的一章写该方法对应的可靠性优化设计"的方法排列。因计算条件限制，作者对实际工况进行了合理简化，仅验证方法有效性。

本书研究内容是在国家自然科学基金项目"多构件多失效模式结构一体化可靠性设计理论与方法"（项目编号：51275138）和"柔性机构动态可靠性分析与设计方法"（项目编号：50275006），以及广东省重点建设学科科研能力提升项目"基于多重智能极值响应面的复杂机械系统可靠性分析及优化方法研究"（项目编号：2022ZDJS149）和广东科技学院自然科学类项目"基于多重智能极值响应面的复杂机械系统可靠性分析方法研究"（项目编号：GKY-2022KYZDK-1）的支持下完成的。全书由广东科技学院机电工程学院张春宜教授撰写。

在本书撰写过程中，作者得到了北京航空航天大学白广忱教授和复旦大学费成巍教授的大力支持，哈尔滨理工大学研究生刘靖雅、宋鲁凯、路成、刘令君、魏文龙、王爱华、孙田、位景山、王泽、袁哲善等也做了大量工作，在此对他们表示由衷感谢！同时，感谢国家自然科学基金委员会、广东省教育厅、广东科技学院的大力支持！

由于作者能力有限，书中不妥之处在所难免，敬请广大读者批评指正。

张春宜

2024 年 8 月

目　　录

前言

1 基于基本杆组法的机构动态可靠性分析

在结构可靠性分析中，当结构强度和施加于结构上的应力随时间变化而不可忽略时，考察结构的可靠性就必须考虑时间因素。这种同时考虑随机因素与时间因素的可靠性概念称为动态可靠性[1]。按照这一概念，机构可靠性属于动态可靠性。由于机构是运动的，机构在运动过程中随着位置（时间）不同，各构件的运动、应力和应变变化范围很大，各构件在一个运动周期内各时刻的可靠性一般是不相同的，所以机构整体的可靠度计算就不能按照一般串联系统那样简单地将各构件的可靠度（构件可靠度的最小值）相乘，而应该将各构件在每一时刻的可靠度相乘，这样计算的机构整体可靠度一般大于简单地将各构件的可靠度（最小值）相乘得到的可靠度。

进行机构系统可靠性分析，要先用多刚体系统动力学方法建立机构动力学方程，然后将机构运动时域离散成很多时间点，在各时间点上进行运动分析、动力分析和可靠性分析。而机构的多刚体系统动力学方程一般是个数相当多的微分方程组[2]，且机构随机变量数较多，这给机构动态可靠性分析的求解带来了很大困难，要得到这些数学模型的解析解更加困难，通常只能进行数值求解，但计算量大、计算成本高[1]。

基于基本杆组的机构动态可靠性分析方法的基本原理是将机构按组成原理拆分成若干个基本杆组，对每个基本杆组建立运动分析数学模型、动力分析数学模型[3]和动态可靠性分析模型，在运动分析、动力分析的基础上进行机构动态可靠性分析，并建立对应的程序模块，在对大型复杂机构进行动态可靠性分析时分别依次调用即可。

1.1 基于基本杆组法的机构分析基本理论与方法

为了进行机构可靠性分析，必须先进行机构的运动分析和动力分析。本节首先简单介绍用于机构运动分析和动力分析的基本杆组法。

1.1.1 基于基本杆组法的机构运动分析

1. 单构件的运动分析

如图 1.1 所示单构件，已知：构件 AB 上点 A 的位置坐标为(x_A, y_A)，x 方向速

度 v_{Ax}、y 方向速度 v_{Ay}，x 方向加速度 a_{Ax}、y 方向加速度 a_{Ay}，AB 的位置角 φ，点 A 到构件 2 上任意点 M 的连线 AM 与 AB 夹角 θ，AM 长 s，AB 长 l，构件 2 角速度 ω 及角加速度 α。下面分析构件 2 上任意点 M 的位置坐标 (x_M, y_M)，以及其在 x 方向和 y 方向的速度 v_{Mx}、v_{My} 及加速度 a_{Mx}、a_{My}[3]。注：一般来讲，构件 1 为与构件 2 相连的构件，故采用单个构件进行分析时也可不提及构件 1，同理也适用于其他构件。

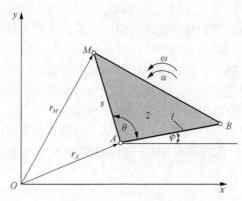

图 1.1　单构件运动分析

1）位置分析

在图 1.1 中，构件上点 A、M 的位置坐标分别为 (x_A, y_A)、(x_M, y_M)，则点 M 的位置方程为

$$\begin{cases} x_M = x_A + s\cos(\theta + \varphi) \\ y_M = y_A + s\sin(\theta + \varphi) \end{cases} \tag{1.1}$$

2）速度分析

将式（1.1）对时间求导并整理得点 M 在 x、y 方向的速度：

$$\begin{cases} v_{Mx} = v_{Ax} - s\omega\sin(\theta + \varphi) = v_{Ax} - \omega(y_M - y_A) \\ v_{My} = v_{Ay} + s\omega\cos(\theta + \varphi) = v_{Ay} + \omega(x_M - x_A) \end{cases} \tag{1.2}$$

3）加速度分析

将式（1.2）对时间求导得点 M 在 x、y 方向的加速度：

$$\begin{cases} a_{Mx} = a_{Ax} - \alpha s\sin(\theta + \varphi) - \omega^2 s\cos(\theta + \varphi) \\ \quad\quad = a_{Ax} - \alpha(y_M - y_A) - \omega^2(x_M - x_A) \\ a_{My} = a_{Ay} + \alpha s\cos(\theta + \varphi) - \omega^2 s\sin(\theta + \varphi) \\ \quad\quad = a_{Ay} + \alpha(x_M - x_A) - \omega^2(y_M - y_A) \end{cases} \tag{1.3}$$

2. RRR II 级杆组的运动分析

如图 1.2 所示 RRR II 级杆组，由构件 2、构件 3 及三个转动副 B、C、D 组成。已知：外部运动副 B、D 的位置坐标分别为(x_B, y_B)、(x_D, y_D)，速度分别为 v_B、v_D，加速度分别为 a_B、a_D 及杆长分别为 l_2、l_3。下面分析内部运动副 C 的位置坐标(x_C, y_C)，在 x、y 方向上的速度 v_{Cx}、v_{Cy}，在 x、y 方向上的加速度 a_{Cx}、a_{Cy}，构件 2、构件 3 的位置角φ_2、φ_3，角速度 ω_2、ω_3 及角加速度α_2、α_3。

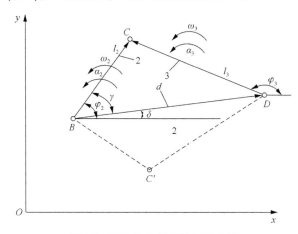

图 1.2 RRR II 级杆组的运动分析

1）位置分析

在图 1.2 中，BD 的距离为

$$d = \sqrt{(x_D - x_B)^2 + (y_D - y_B)^2} \tag{1.4}$$

若 $d > l_2 - l_3$ 或 $d < |l_2 - l_3|$，则构件 2、构件 3 无法组装，此时该 II 级杆组不成立。BD 与 x 轴的夹角为

$$\delta = \arctan \frac{y_D - y_B}{x_D - x_B} \tag{1.5}$$

BD 与 l_2 的夹角：

$$\gamma = \arccos \frac{d^2 + l_2^2 - l_3^2}{2dl_2} \tag{1.6}$$

构件 2 的位置角：

$$\varphi_2 = \delta + z\gamma \tag{1.7}$$

当 B、D 的位置和杆长 l_2、l_3 确定以后，该 II 级杆组有两种装配形式，如图 1.2 中 BCD 和 BC′D。当 II 级杆组在图示实线位置 BCD 时，式（1.7）中判别符 z＝+1；当 II 级杆组在图示虚线位置 BC′D 时，式（1.7）中 z＝-1。一般机构初始

位置确定后，II级杆组 BCD（或 $BC'D$）的顺序不变，所以在编写程序时，应预先根据机构的初始位置确定式（1.7）中 z 的值。

因点 C、B 在同一构件上，由式（1.1）可得点 C 的位置方程：

$$\begin{cases} x_C = x_B + l_2 \cos\varphi_2 \\ y_C = y_B + l_2 \sin\varphi_2 \end{cases} \tag{1.8}$$

构件 3 的位置角：

$$\varphi_3 = \arctan\frac{y_C - y_D}{x_C - x_D} \tag{1.9}$$

2）速度分析

（1）角速度：

$$\begin{cases} \omega_2 = \dfrac{(v_{Dx} - v_{Bx})(x_C - x_D) + (v_{Dy} - v_{By})(y_C - y_D)}{(y_C - y_D)(x_C - x_B) - (y_C - y_B)(x_C - x_D)} \\[4mm] \omega_3 = \dfrac{(v_{Dx} - v_{Bx})(x_C - x_B) + (v_{Dy} - v_{By})(y_C - y_B)}{(y_C - y_D)(x_C - x_B) - (y_C - y_B)(x_C - x_D)} \end{cases} \tag{1.10}$$

（2）速度：

$$\begin{cases} v_{Cx} = v_{Bx} - l_2\omega_2 \sin\varphi_2 = v_{Bx} - \omega_2(y_C - y_B) \\ v_{Cy} = v_{By} + l_2\omega_2 \cos\varphi_2 = v_{By} + \omega_2(x_C - x_B) \end{cases} \tag{1.11}$$

3）加速度分析

（1）角加速度：

$$\begin{cases} \alpha_2 = \dfrac{E(x_C - x_D) + F(y_C - y_D)}{(x_C - x_B)(y_C - y_D) - (x_C - x_D)(y_C - y_B)} \\[4mm] \alpha_3 = \dfrac{E(x_C - x_B) + F(y_C - y_B)}{(x_C - x_B)(y_C - y_D) - (x_C - x_D)(y_C - y_B)} \end{cases} \tag{1.12}$$

式中，

$$\begin{cases} E = \alpha_{Dx} - \alpha_{Bx} + \omega_2^2(x_C - x_B) - \omega_3^2(y_C - y_D) \\ F = \alpha_{Dy} - \alpha_{By} + \omega_2^2(y_C - y_B) - \omega_3^2(y_C - y_D) \end{cases}$$

（2）加速度：

$$\begin{cases} a_{Cx} = a_{Bx} - \alpha_2(y_C - y_B) - \omega_2^2(x_C - x_B) \\ a_{Cy} = a_{By} + \alpha_2(x_C - x_B) - \omega_2^2(y_C - y_B) \end{cases} \tag{1.13}$$

3. RRP Ⅱ级杆组的运动分析

RRPⅡ级杆组如图 1.3 所示，它由构件 2、滑块 3、两个转动副 B 和 C、移动副（外部运动副其回转中心 D 在无穷远处）组成。已知：点 B 的位置坐标(x_B, y_B)、速度 v_B、加速度 a_B；滑块导路上参考点 P 的位置坐标(x_P, y_P)、速度 v_P、加速度 a_P；构件 2 的长度 l_2；滑块 3 的位置角 φ_3、角速度 ω_3、角加速度 α_3。下面分析点 C 的位置(x_C, y_C)、速度 v_C、加速度 a_C；滑块相对参考点 P 的位移 s_r、速度 v_r、加速度 a_r；构件 2 的位置角 φ_2、角速度 ω_2、角加速度 α_2。

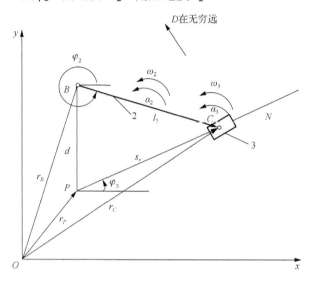

图 1.3　RRPⅡ级杆组运动分析

1）位置分析

$$l_2^2 = \left(x_C - x_B\right)^2 + \left(y_C - y_B\right)^2 \tag{1.14}$$

将

$$\begin{aligned} x_C &= x_P + s_r \cos\varphi_3 \\ y_C &= y_P + s_r \sin\varphi_3 \end{aligned} \tag{1.15}$$

$$d_2^2 = \left(x_B - x_P\right)^2 + \left(y_B - y_P\right)^2 \tag{1.16}$$

代入式（1.14）整理后得

$$s_r^2 + E_0 s_r + F_0 = 0 \tag{1.17}$$

式中，

$$E_0 = 2\left(x_P - x_B\right)\cos\varphi_3 + 2\left(y_P - y_B\right)\sin\varphi_3 \tag{1.18}$$

$$F_0 = d_2^2 - l_2^2 \tag{1.19}$$

求解上述关于 s_r 的二次方程得

$$s_r = \frac{-E_0 + z\sqrt{E_0^2 - 4F_0}}{2} \tag{1.20}$$

在式（1.20）中，若 $E_0^2 < 4F_0$，此时Ⅱ级杆组不成立。若 $E_0^2 = 4F_0$，则圆弧与导路 PC 相切，如图 1.4（a）所示，这时 s_r 有唯一解。若 $E_0^2 > 4F_0$，则有三种情况：

一是当 $l_2 = d_2$ 时，圆弧与导路相切（图 1.4（a））。

二是当 $l_2 < d_2$ 时，上述圆弧与导路有两个交点 C 与 C'（图 1.4（b）），这时 s_r 有两个解 s_r' 与 s_r''，即该Ⅱ级杆组有两种装配形式，其中：解 s_r' 对应于图中实线位置 BC，式（1.20）中根号前的 z=+1；解 s_r'' 对应于图中虚线位置 BC'，式（1.20）中根号前的 z=-1。

三是当 $l_2 > d_2$ 时，上述圆弧与导路也有两个交点（图 1.4（c）），但分别位于参考点 P 的两侧，且 s_r'' 应为负值。

解出 s_r 以后，点 C 的位置坐标为

$$\begin{cases} x_C = x_P + s_r \cos\varphi_3 \\ y_C = y_P + s_r \sin\varphi_3 \end{cases} \tag{1.21}$$

构件 2 的位置角：

$$\varphi_2 = \arctan\frac{y_C - y_B}{x_C - x_B} \tag{1.22}$$

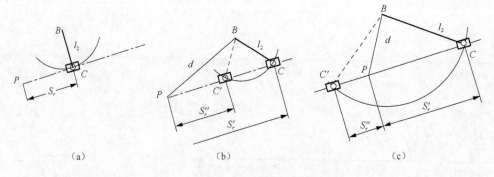

（a）　　　　　　　　　（b）　　　　　　　　　（c）

图 1.4　RRPⅡ级杆组不同组装情况

2）速度分析

将关于 s_r、φ_2 的方程分别对时间求导得

$$\begin{cases} \omega_2 = \dfrac{F_1 \cos \varphi_3 - E_1 \sin \varphi_3}{(y_C - y_B)\sin \varphi_3 + (x_C - x_B)\cos \varphi_3} \\ v_r = \dfrac{F_1(y_B - y_C) + E_1(x_B - x_C)}{(y_C - y_B)\sin \varphi_3 + (x_C - x_B)\cos \varphi_3} \end{cases} \tag{1.23}$$

式中，

$$E_1 = v_{Px} - v_{Bx} - s_r \omega_3 \sin \varphi_3$$
$$F_1 = v_{Py} - v_{By} + s_r \omega_3 \cos \varphi_3$$

将式（1.21）对时间求导可得点 C 的速度，即

$$\begin{cases} v_{Cx} = v_{Bx} - l_2 \omega_2 \sin \varphi_2 \\ v_{Cy} = v_{By} + l_2 \omega_2 \cos \varphi_2 \end{cases} \tag{1.24}$$

3）加速度分析

将式（1.23）和式（1.24）分别对时间求导得

$$\begin{cases} \alpha_2 = \dfrac{F_2 \cos \varphi_3 - E_2 \sin \varphi_3}{(y_C - y_B)\sin \varphi_3 + (x_C - x_B)\cos \varphi_3} \\ a_r = \dfrac{(y_B - y_C)F_2 + (x_B - x_C)E_2}{(y_C - y_B)\sin \varphi_3 + (x_C - x_B)\cos \varphi_3} \end{cases} \tag{1.25}$$

点 C 的加速度为

$$\begin{cases} a_{Cx} = a_{Bx} - \alpha_2(y_C - y_B) - \omega_2^2(x_C - x_B) \\ a_{Cy} = a_{By} + \alpha_2(x_C - x_B) - \omega_2^2(y_C - y_B) \end{cases} \tag{1.26}$$

式中，

$$E_2 = a_{Px} - a_{Bx} + \omega_2^2(x_C - x_B) - 2\omega_3 v_r \sin \varphi_3 - \alpha_3(y_C - y_P) - \omega_3^2(x_C - x_P)$$
$$F_2 = a_{Py} - a_{By} + \omega_2^2(y_C - y_B) + 2\omega_3 v_r \cos \varphi_3 + \alpha_3(x_C - x_P) - \omega_3^2(y_C - y_P)$$

4. RPR Ⅱ 级杆组的运动分析

如图 1.5 所示，RPR Ⅱ 级杆组由滑块 2、导杆 3 及两个外部运动副（转动副 B、C）和一个内部运动副（移动副）组成。已知：点 B、C 的位置坐标 (x_B, y_B)、(x_C, y_C)，点 B、C 在 x、y 方向的速度分别为 v_{Bx}、v_{By} 和 v_{Cx}、v_{Cy}，加速度分别为 a_{Bx}、a_{By} 和 a_{Cx}、a_{Cy}；尺寸参数 k、l_3。下面分析导杆上点 E 的位置坐标 (x_E, y_E)，速度 v_{Ex}、v_{Ey}，

加速度 a_{Ex}、a_{Ey}；导杆的位置角 φ_3、角速度 ω_3、角加速度 α_2；滑块相对导杆的位置 s_r、速度 v_r 及加速度 a_r。

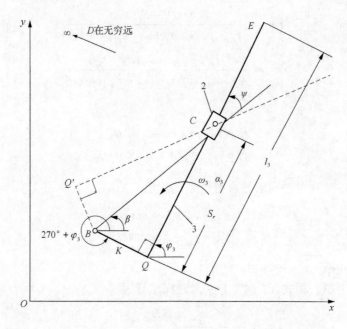

图 1.5　RPR Ⅱ 级杆组运动分析

1）位置分析

在图 1.5 中：

$$s_r = \sqrt{(x_C - x_B)^2 + (y_C - y_B)^2 - k^2} \qquad (1.27)$$

$$\psi = \arctan \frac{k}{s_r} \qquad (1.28)$$

$$\beta = \arctan \frac{y_C - y_B}{x_C - x_B} \qquad (1.29)$$

$$\varphi_3 = \beta + z\psi \qquad (1.30)$$

该 Ⅱ 级杆组在相同的几何参数条件下，有两种装配形式。图 1.5 中实线位置 BQC 对应于 $z=+1$；图中虚线位置 $BQ'C$ 对应于 $z=-1$。z 由机构初始位置确定。点 E 的位置方程可表示为

$$\begin{cases} x_E = x_B + k\sin\varphi_3 \ + l_3\cos\varphi_3 \\ y_E = y_B - k\cos\varphi_3 + l_3\sin\varphi_3 \end{cases} \qquad (1.31)$$

2）速度分析

将式（1.27）和式（1.30）对时间求导得角速度和相对速度：

$$\begin{cases} \omega_3 = \dfrac{(v_{Cy} - v_{By})\cos\varphi_3 - (v_{Cx} - v_{Bx})\sin\varphi_3}{(x_C - x_B)\cos\varphi_3 + (y_C - y_B)\sin\varphi_3} \\ v_r = \dfrac{(v_{Cy} - v_{By})(y_C - y_B) + (v_{Cx} - v_{Bx})(x_C - x_B)}{(x_C - x_B)\cos\varphi_3 + (y_C - y_B)\sin\varphi_3} \end{cases} \quad (1.32)$$

由式（1.2）得 E 点的速度：

$$\begin{cases} v_{Ex} = v_{Bx} - \omega_3(y_E - y_B) \\ v_{Ey} = v_{By} + \omega_3(x_E - x_B) \end{cases} \quad (1.33)$$

3）加速度分析

将式（1.32）和式（1.33）对时间求导得角加速度、相对加速度及 E 点加速度：

$$\begin{cases} \alpha_3 = \dfrac{F\cos\varphi_3 - E\sin\varphi_3}{(x_C - x_B)\cos\varphi_3 + (y_C - y_B)\sin\varphi_3} \\ a_r = \dfrac{E(x_C - x_B) + F(y_C - y_B)}{(x_C - x_B)\cos\varphi_3 + (y_C - y_B)\sin\varphi_3} \end{cases} \quad (1.34)$$

$$\begin{cases} a_{Ex} = a_{Bx} - \alpha_3(y_E - y_B) - \omega_3^2(x_E - x_B) \\ a_{Ey} = a_{By} + \alpha_3(x_E - x_B) - \omega_3^2(y_E - y_B) \end{cases} \quad (1.35)$$

式中，

$$E = a_{Cx} - a_{Bx} + \omega_3^2(x_C - x_B) + 2\omega_3 v_r \sin\varphi_3$$

$$F = a_{Cy} - a_{By} + \omega_3^2(y_C - y_B) - 2\omega_3 v_r \cos\varphi_3$$

1.1.2 基于基本杆组法的机构动力分析

由于基本杆组是静定的，因此，可以取杆组为示力体，列出力及力矩平衡方程，然后求运动副反力及平衡力或平衡力矩。

在进行杆组力分析时，由运动分析中所得的运动参数（如构件角加速度、质心加速度等）、构件质量 m、构件绕质心的转动惯量 J_S 等均为已知；另外，所有作用在构件上的已知外力和外力矩向质心简化得到一个主矢 F 和一个主矩 M。

为便于列矩阵方程，规定以 R_{ij} 表示构件 i 作用于构件 j 的运动副反力，且下标 i 的值必须小于 j 的值，例如构件 3 对构件 2 的运动副反力 R_{32}，因为 $R_{ji} = -R_{ij}$，所以应该用 $-R_{23}$ 表示。力矩则仍以逆时针方向为正。又为了简化起见，不考虑移动副中的摩擦力和转动副中的摩擦力偶矩。

1. RRRⅡ级杆组的动态力分析

RRRⅡ级杆组如图 1.6（a）所示，构件 2、构件 3 的质量 m_2、m_3，转动惯量 J_{S2}、J_{S3}，质心 S_2、S_3；作用在其上的主矢为 F_2、F_3，主矩为 M_2、M_3。求：运动副 B、C、D 中的反力 R_{12}、R_{23} 及 R_{34} 在 x、y 方向上的分量分别为 R_{12x}，R_{12y}，R_{23x}，R_{23y}，R_{34x}，R_{34y}。

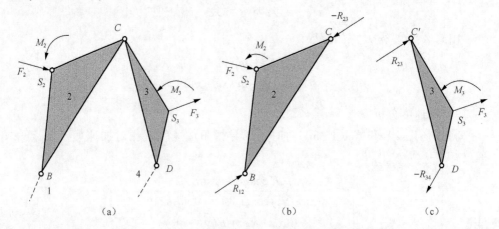

图 1.6　RRRⅡ级杆组动态力分析

如图 1.6（b）、（c）所示，分别以构件 2、构件 3 为示力体，由平衡条件得运动副反力的矩阵方程[3]，即

$$
\begin{pmatrix}
1 & 0 & -1 & 0 & 0 & 0 \\
0 & 1 & 0 & -1 & 0 & 0 \\
-(y_B-y_{S2}) & x_B-x_{S2} & y_C-y_{S2} & -(x_C-x_{S2}) & 0 & 0 \\
0 & 0 & 1 & 0 & 0 & -1 \\
0 & 0 & 0 & 1 & 0 & -1 \\
0 & 0 & -(y_C-y_{S3}) & x_C-x_{S3} & y_D-y_{S3} & -(x_D-x_{S3})
\end{pmatrix}
\begin{pmatrix}
R_{12x} \\
R_{12y} \\
R_{23x} \\
R_{23y} \\
R_{34x} \\
R_{34y}
\end{pmatrix}
$$

$$
=
\begin{pmatrix}
m_2 a_{S2x}-F_{2x} \\
m_2 a_{S2y}-F_{2y}+m_2 g \\
J_{S2}\alpha_2-M_2 \\
m_3 a_{S3x}-F_{3x} \\
m_3 a_{S3y}-F_{3y}+m_3 g \\
J_{S3}\alpha_3-M_3
\end{pmatrix}
\tag{1.36}
$$

式（1.36）可简写为

$$A_1 R = B_1$$

式中，A_1 为未知力的系数矩阵；B_1 为已知力及力矩的列阵；R 为未知力的列阵。

2. RRP II 级杆组的动态力分析

RRP II 级杆组如图 1.7（a）所示，已知：构件 2、构件 3 的质量 m_2、m_3，转动惯量 J_{S2}、J_{S3}，质心 S_2、S_3；作用在构件 2、构件 3 上的主矢 F_2、F_3，主矩 M_2、M_3。求：转动副 B、C 的反力 R_{12}、R_{23}，移动副的反力 R_{34}，以及在 x、y 方向的分量和反力作用点 N，即 l_{CN}。

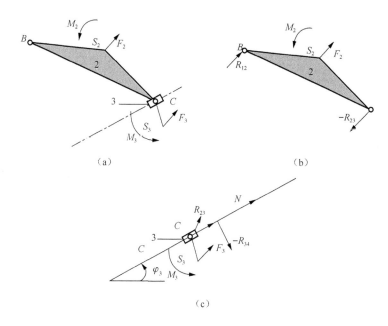

（a）　　　　　　　　　　　　　　（b）

（c）

图 1.7　RRP II 级杆组动态力分析

如图 1.7（b）、（c）所示，分别以构件 2、构件 3 为示力体，仿照 RRR II 级杆组动态力分析的方法，在不考虑摩擦的情况下，移动副的反力 R_{34} 始终与导路方向（l_{CN}）垂直，即得 RRP II 级杆组的动态静力分析矩阵方程及 l_{CN} 表达式：

$$
\begin{pmatrix}
1 & 0 & -1 & 0 & 0 & 0 \\
0 & 1 & 0 & -1 & 0 & 0 \\
-(y_B - y_{S2}) & x_B - x_{S2} & y_C - y_{S2} & -(x_C - x_{S2}) & 0 & 0 \\
0 & 0 & 1 & 0 & -1 & 0 \\
0 & 0 & 0 & 1 & 0 & -1 \\
0 & 0 & 0 & 0 & \cos\varphi_3 & \sin\varphi_3
\end{pmatrix}
\begin{pmatrix}
R_{12x} \\
R_{12y} \\
R_{23x} \\
R_{23y} \\
R_{34x} \\
R_{34y}
\end{pmatrix}
$$

$$= \begin{pmatrix} m_2 a_{S2x} - F_{2x} \\ m_2 a_{S2y} - F_{2y} + m_2 g \\ J_{S2}\alpha_2 - M_2 \\ m_3 a_{S3x} - F_{3x} \\ m_3 a_{S3y} - F_{3y} + m_3 g \\ 0 \end{pmatrix} \tag{1.37}$$

式（1.37）可简写为

$$A_2 R = B_2$$

$$l_{CN} = \frac{J_{S3}\alpha_3 - M_3 + (y_C - y_{S3})(R_{23x} - R_{34x}) - (x_C - x_{S3})(R_{23y} - R_{34y})}{R_{34x}\sin\varphi_3 - R_{34y}\cos\varphi_3} \tag{1.38}$$

3. RPRⅡ级杆组的动态力分析

RPRⅡ级杆组如图1.8（a）所示，已知：构件2、构件3的质量 m_2、m_3，转动惯量 J_{S2}、J_{S3}，质心 S_2、S_3，作用在构件2、构件3上的主矢 F_2、F_3，主矩 M_2、M_3。求：运动副中反力 R_{12}、R_{23}、R_{34} 及 R_{23} 的作用点 N，即 l_{CN}。

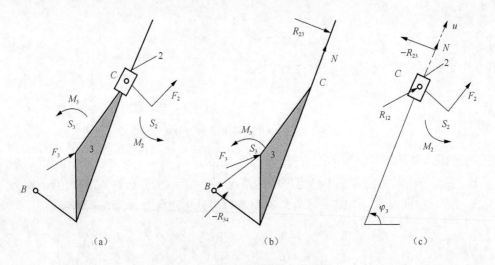

图1.8　RPRⅡ级杆组动态力分析

如图1.8（b）、（c）所示，以构件2、构件3为示力体，用RRPⅡ级杆组动态静力分析的方法，并注意到 $\alpha_2 = \alpha_3$ 和 $l_{S3C} - l_{S2C} = l_{S3S2}$，得RPRⅡ级杆组动态静力分析的矩阵方程及运动副反力 R_{23} 的作用点 N（即求 l_{CN}）：

$$
\begin{pmatrix}
1 & 0 & -1 & 0 & 0 & 0 \\
0 & 1 & 0 & -1 & 0 & 0 \\
-(y_C - y_{S2}) & (x_C - x_{S2}) & -(y_{S2} - y_{S3}) & -(x_{S2} - x_{S3}) & y_B - y_{S3} & -(x_B - x_{S3}) \\
0 & 0 & 1 & 0 & -1 & 0 \\
0 & 0 & 0 & 1 & 0 & -1 \\
0 & 0 & \cos\varphi_3 & \sin\varphi_3 & 0 & 0
\end{pmatrix}
\begin{pmatrix}
R_{12x} \\
R_{12y} \\
R_{23x} \\
R_{23y} \\
R_{34x} \\
R_{34y}
\end{pmatrix}
$$

$$
=
\begin{pmatrix}
m_2 a_{S2x} - F_{2x} \\
m_2 a_{S2y} - F_{2y} + m_2 g \\
(J_{S2} + J_{S3})\alpha_3 - M_2 - M_3 + (x_E - x_{S3})R_{34y} - (y_E - y_{S3})R_{34X} \\
m_3 a_{S3x} - F_{3x} + R_{34X} \\
m_3 a_{S3y} - F_{3y} + m_3 g + R_{34Y} \\
0
\end{pmatrix}
$$

$$(1.39)$$

将矩阵方程简写为

$$A_3 R = B_3$$

$$l_{CN} = \frac{J_{S2}\alpha_2 - M_2 + (y_C - y_{S2})(R_{12x} - R_{23x}) - (x_C - x_{S2})(R_{12y} - R_{23y})}{R_{23x}\sin\varphi_3 - R_{23y}\cos\varphi_3} \quad (1.40)$$

4. 作用有平衡力（或平衡力矩）构件的动态力分析

如图 1.9 所示，已知：构件 1 的质量 m_1，转动惯量 J_{S1}，质心 S_1；作用在其上的主矢 F_1、主矩 M_1 及运动副反力 R_{12}。求：运动副 A 的反力 R_{01} 及平衡力矩 M_b。用动态静力分析方法可得单杆力分析矩阵方程

$$
\begin{pmatrix}
1 & 0 & 0 \\
0 & 1 & 0 \\
-(y_A - y_{S1}) & x_A - x_{S1} & 1
\end{pmatrix}
\begin{pmatrix}
R_{41x} \\
R_{41y} \\
M_b
\end{pmatrix}
=
\begin{pmatrix}
m_1 a_{S1x} - F_{1x} + R_{12x} \\
m_1 a_{S1y} - F_{1y} + R_{12y} + m_1 g \\
J_{S1}\alpha_1 - M_1 - (y_B - y_{S1})R_{12x} + (x_B - x_{S1})R_{12y}
\end{pmatrix}
$$

$$(1.41)$$

将矩阵方程简写为

$$A_4 R = B_4$$

平面机构的运动分析与力分析是建立在杆组运动分析与力分析的基础上的，因而只需将平面机构分解成原动件及若干杆组，然后调用相应的单杆运动分析子程序、杆组运动分析子程序及力分析子程序，即可进行相应机构的运动分析和动力分析。

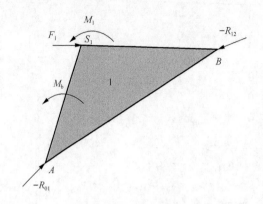

图 1.9　作用有平衡力（矩）构件的动态力分析

1.2　基于基本杆组法的机构动态可靠性分析模型的建立与求解

基于基本杆组法的机构动态可靠性分析，是指在用基本杆组法进行机构运动分析和动力分析的基础上，求出各个构件的动态应力，然后分别用蒙特卡罗法（Monte-Carlo method，MCM）和一次二阶矩法或者其他可靠性分析方法进行机构的动态强度可靠性分析。本节只用蒙特卡罗法和一次二阶矩法进行机构的动态强度可靠性分析[4]。

1.2.1　构件动态应力分析模型

为了建立机构动态可靠性分析模型，首先要建立构件动态应力分析模型，再根据构件动态强度分析结果进行动态可靠性分析。

图 1.10 为机构构件 j 任意位置受力情况，构件形状和尺寸如图 1.11 所示。设构件为均质杆，m_j 为构件 j 的质量，$m_j = x_{j1} \cdot x_{j2} \cdot x_{j3} \cdot \rho$，$x_{j1}$、$x_{j2}$、$x_{j3}$ 为截面尺寸，a_{sj} 为构件 j 的质心加速度，φ_j（$j=1,2,3,\cdots$）为构件 j 与 x 轴方向夹角，(x_B, y_B)、(x_C, y_C) 分别为构件两端 B、C 点的位置坐标，M'_j 为构件 j 所受的外加转矩，ε_j 为构件 j 的角加速度，$M_j(t)$ 为构件 j 中点处所受的总转矩，构件转动惯量为 $J_j = m_j(x_{j3}^2 + x_{j2}^2)/12$。

构件 j 的 B 点所受轴向力为

$$F_{jBa}(t) = F_{ijx} \cos \varphi_j + F_{ijy} \sin \varphi_j \qquad (1.42)$$

式中，φ_j 为构件 j 的方向角；F_{ijx} 为构件 i 对构件 j 作用力 x 方向分量，F_{ijy} 为构件 i 对构件 j 作用力 y 方向分量。

构件 j 的 C 点所受轴向力为

$$F_{jCa}(t) = F_{kjx} \cos\varphi_j + F_{kjy} \sin\varphi_j \tag{1.43}$$

则构件所受的最大轴向力为

$$F_{ja}(t) = \max\left\{ F_{jBa}, F_{jCa} \right\} \tag{1.44}$$

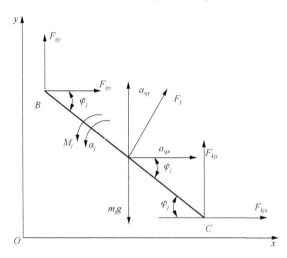

图 1.10 构件受力分析

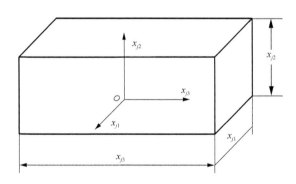

图 1.11 构件形状和尺寸

由力学可知，各构件所受最大弯矩可以由下面方法求得。各构件所受最大弯矩发生在构件中点，则构件 j 从 B 点计算的构件中点力矩：

$$M_{jB}(t) = \frac{x_{j3}}{2} (F_{ijx} \sin\varphi_j + F_{ijy} \cos\varphi_j) \tag{1.45}$$

构件 j 从 C 点计算的构件中点力矩:

$$M_{jC}(t) = \frac{x_{j3}}{2}(F_{kjy}\cos\varphi_j + F_{kjx}\sin\varphi_j) \tag{1.46}$$

式中, F_{kjx} 为第 k 构件对构件 j 作用力 x 方向分量, F_{kjy} 为第 k 构件对构件 j 作用力 y 方向分量, $i = j-1, k = j+1$。则构件 j 所受的最大弯矩为

$$M_j(t) = \max\left\{M_{jB}(t), M_{jC}(t)\right\} \tag{1.47}$$

构件任意时刻最大轴向应力为

$$S_{ja}(t) = \frac{F_{ja}(t)}{A_j} \tag{1.48}$$

式中, $A_j = x_{j1} \cdot x_{j2}$ 为构件截面积。

构件任意时刻所受的最大弯应力为

$$S_{W_j}(t) = \frac{M_j(t)}{W_j} \tag{1.49}$$

式中, $W_j = \dfrac{x_{j1}x_{j2}^2}{6}$ 为构件 j 抗弯截面模量; $M_j(t)$ 为构件 j 中点 t 时刻的弯矩。

构件任意时刻最大当量应力为

$$S_{ej}(t) = S_{W_j}(t) + S_{ja}(t) = \frac{M_j(t)}{W_j} + \frac{F_{ja}(t)}{A_j} \tag{1.50}$$

1.2.2　机构动态强度可靠性分析模型的建立

1. 构件可靠性分析模型

设构件 j 材料强度 $R_j(t)$、构件截面尺寸 x_{j1}、x_{j2}、材料密度 ρ、重力加速度 g 为随机变量, 且服从正态分布, 令 $Z_j(t) = R_j(t) - S_{ej}(t)$ 作变换[1]:

$$x = -\frac{\mu_{z_j(t)}}{\sigma_{z_j(t)}} = -\frac{\mu_{R_j(t)} - \mu_{s_{ej}(t)}}{\sqrt{\sigma_{s_{ej}(t)}^2 + \sigma_{R_j(t)}^2}}$$

则构件 j 在 t 时刻的可靠度为

$$P_j(t) = P\{Z_j(t) > 0\} = \frac{1}{\sigma_z\sqrt{2\pi}}\int_0^\infty e^{-\frac{(z-\mu_z)^2}{2\sigma_z^2}}\,\mathrm{d}z = \frac{1}{\sqrt{2\pi}}\int_{-\infty}^\beta e^{-\frac{x^2}{2}}\,\mathrm{d}x \tag{1.51}$$

式中,

$$\beta = \frac{\mu_{R_j(t)} - \mu_{s_{ej}(t)}}{\sqrt{\sigma_{R_j(t)}^2 + \sigma_{s_{ej}(t)}^2}} \tag{1.52}$$

$$\sigma_{z_j(t)} = \sqrt{\sigma_{s_{ej}(t)}^2 + \sigma_{R_j(t)}^2} \tag{1.53}$$

$$\mu_{s_{ej}} \approx s_{ej}(\mu_{x_1}, \mu_{x_2}, \cdots, \mu_{x_n}) \tag{1.54}$$

$$\sigma_{s_{ej}(t)}^2 = \sum_{i=1}^{k} \left(\frac{\partial S_{ej}(t)}{\partial x_i} \right)_{x_i = \mu_{x_i}}^2 \sigma_{x_i}^2 \tag{1.55}$$

其中,$j = 1, 2, 3, \cdots$ 为机构构件数;$i = 1, 2, 3, \cdots, k$ 为构件的随机变量数;$\mu_{R_j(t)}$ 为材料强度均值;$\sigma_{R_j(t)}$ 为材料强度标准差;$\mu_{s_{ej}(t)}$ 为当量应力均值;$\sigma_{s_{ej}(t)}$ 为当量应力标准差;x_i 为第 i 个随机变量;μ_{x_i} 为第 i 个随机变量均值;σ_{x_i} 为第 i 个随机变量标准差。$i = 1, 2, 3, \cdots$ 等不同值时,分别表示构件截面宽 x_1、构件截面高 x_2、构件材料密度 ρ、重力加速度 g 等。

如果随机变量的标准差未知,则将变量的未知标准差用均值和变异系数表示:$\sigma_{R_j} = v_{R_j} \cdot \mu_{R_j}$,$v_{R_j}$ 为强度随机变量的变异系数;$\sigma_{x_i} = v_{x_i} \mu_{x_i}$,$v_{x_i}$ 为除强度随机变量以外其他随机变量的变异系数。其中,材料参数变异系数由材料性能各统计数据确定;尺寸变异系数由构件制造公差决定。

2. 机构整体可靠性分析模型

设机构系统中共有 n 个构件,构件 j 在 t 时刻的可靠度为 $P_j(t)$,而机构系统是串联系统,则整个系统在 t 时刻的可靠性函数为[1]

$$P(t) = \prod_{j=1}^{n} P_j(t) \tag{1.56}$$

式中,$P_j(t)$ 和 $P(t)$ 都是时间 t 的函数。要得到式(1.56)的解析解是非常困难的,通常采用数值解法。通过数值计算,得到在时域 $[0, T]$ 内 $P(t)$ 值,从中得到 $P(t)$ 的最小值,该最小值即机构系统的可靠度。

1.2.3 机构动态强度可靠性分析模型的求解

1. 蒙特卡罗法

基于基本杆组的机构动态可靠性分析的蒙特卡罗法,就是先用基本杆组法进行机构分析,求出各个构件的动态应力,然后按照蒙特卡罗法基本原理进行机构的可靠性分析。其思路是:首先将机构按照机构组成原理拆分成若干基本杆组,再根据输入随机变量(材料强度、密度、构件截面尺寸等)的数据特征,用 MATLAB 产生输入随机变量数组,然后用基本杆组法对每组输入随机变量进行机构的运动分析和动力分析。在此基础上,求出机构各构件中点的动态应力,并将每个运动周期内构件动态应力的最大值与其材料的强度随机变量进行比较,如果动态应力响应最大值大于强度随机变量,则构件失效。对全部输入随机变量进行同样的分析,得到构件总的失效次数。将总失效次数与总抽样次数进行比较,得到构件 j 的失效概率 P_{jf},即

$$P_{jf} = \lim_{N \to \infty} \frac{n_{jf}}{N} \tag{1.57}$$

构件 j 的可靠度为

$$P_j = 1 - P_{jf} \tag{1.58}$$

式中,n_{jf} 为总失效次数;N 为总抽样次数。

要想得到比较精确的结果,N 要足够大。在实际计算时,可以将不同抽样时的失效概率 $\hat{P}_{f_1} = \dfrac{n_{f_1}}{N_1}$ 与 $\hat{P}_{f_2} = \dfrac{n_{f_2}}{N_2}$ 进行比较,当其差值小于预先给定的精度值 ε 时的失效概率作为其失效概率的近似值,即

$$\hat{P}_{f_1} - \hat{P}_{f_2} = \frac{n_{f_1}}{N_1} - \frac{n_{f_2}}{N_2} < \varepsilon \tag{1.59}$$

当式(1.59)成立时,取

$$P_{jf} \approx \hat{P}_{jf_1} \approx \hat{P}_{jf_2} \approx \frac{n_{f_1}}{N_1} \approx \frac{n_{f_2}}{N_2} \tag{1.60}$$

作为构件或机构的失效概率。

由于机构是串联系统,所以机构的总体可靠度为

$$P = 1 - \sum_{j=1}^{n} P_{jf} \tag{1.61}$$

式中,n 为机构构件数;P_{jf} 为构件 j 失效概率;P 为机构整体可靠度。

在具体抽样计算时,采用联动抽样的方式进行抽样。所谓联动抽样,就是每次抽样都对每个构件进行运动分析和动力分析,然后进行每个构件的动态应力计算,得到每个构件动态应力的最大值,将这些最大值与强度随机变量的抽样值进行比较,从而得到各个构件在每个运动周期内是否失效。对全部输入随机变量进行大规模抽样,计算出全部构件的总失效数,得到机构整体的失效概率,这样的统计计算考虑了各个构件之间的失效相关性。其求解过程如图 1.12 所示,图中 R_j 为构件 j 材料强度。

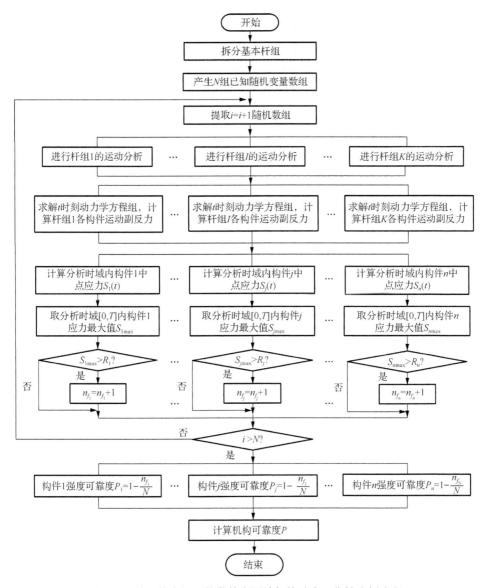

图 1.12　基于基本杆组的蒙特卡罗法机构动态可靠性分析流程

2. 一次二阶矩法

在用一次二阶矩法进行机构动态可靠性分析时，前提是将构件的当量应力 $\mu_{s_{ej}}$ 表示为构件尺寸、材料参数、重力加速度、外载荷、位置坐标、速度、加速度等参数的函数，然后用一次二阶矩法将构件中点当量应力的均值和方差用构件尺寸、材料参数、重力加速度的均值和方差以及构件位置坐标、速度、加速度表示。在求得构件 t 时刻的位置坐标、速度、加速度以及运动副反力以后，将上述已知各量代入式（1.51）和式（1.52）计算构件该时刻的可靠性指标和可靠度。将机构在运动时域[0,T]内的各个离散点上进行上述分析，则得到构件在整个时域内的可靠性指标和可靠度，其中可靠度 $P_j(t)$ 的最小值即为构件的可靠度。整个机构 t 时刻的可靠度则应该是 t 时刻各个构件可靠度的乘积，而不是各构件最后可靠度的乘积。机构可靠度的求解过程如图 1.13 所示，图中 T 为机构的运动周期，t 为机构运行时间。

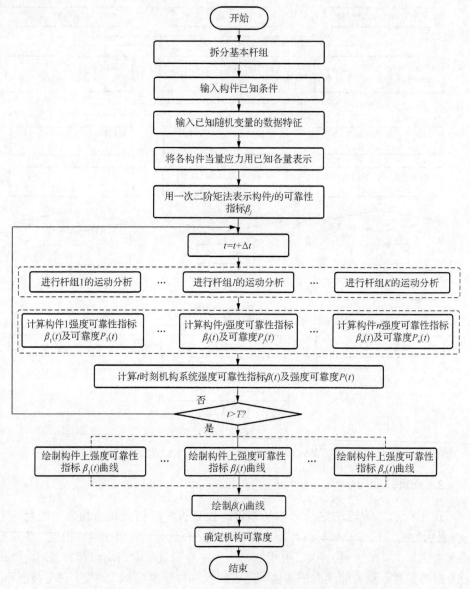

图 1.13　基于基本杆组的一次二阶矩法进行机构动态可靠性分析流程

1.3 算 例①

1.3.1 已知条件

如图 1.14 所示对心曲柄滑块机构中，已知曲柄长度 l_1=0.4m，连杆长度 l_2=1.2m，曲柄以角速度 ω_1=32s^{-1} 逆时针匀速转动，滑块 3 上作用有沿 x 正方向的恒力 F_{3x}=1000N，滑块质量 m_3=6kg。材料密度 ρ、重力加速度 g、连杆和曲柄相同的截面尺寸 x_{j1}、x_{j2} 及材料强度 R 信息如表 1.1 所示，其中 j 为构件标号。

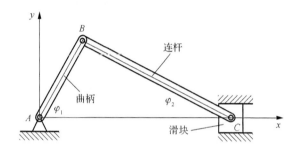

图 1.14 曲柄滑块机构

表 1.1 机构各构件信息表

变量	均值	标准差
g/（m/s^2）	9.8	0.49
ρ/（t/m^3）	7.8×10^3	1.0×10^{-3}
R/MPa	600	30
x_{j1}/m	0.02	6.7×10^{-5}
x_{j2}/m	0.03	1.0×10^{-4}

1.3.2 求解

本例的曲柄滑块机构可以简化为如图 1.15 所示形式，根据基本杆组法的基本原理，将机构拆分成如图 1.16 所示两部分。由于本例相当于图 1.1 和图 1.3 中 θ=0°，

---

① 因计算条件限制，作者对实际工况进行了合理简化，仅验证方法有效性。

$s=l=l_1$，$\varphi_3=0$，M 点变为 B 点，所以图 1.1 简化为图 1.16（a），图 1.3 简化为图 1.16（b）。各构件的受力分析如图 1.17 所示。

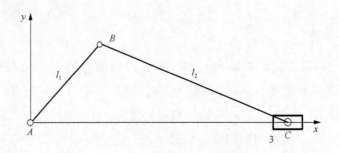

图 1.15　曲柄滑块机构简化图

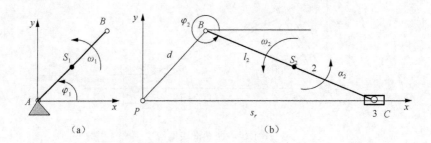

图 1.16　曲柄滑块机构链拆分图

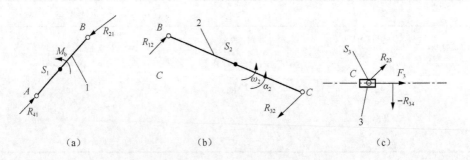

图 1.17　曲柄滑块机构构件的动态静力分析

1. 曲柄的运动分析

在求解构件 1 端点的运动参数时，在图 1.16（a）中，将坐标原点取在曲柄回转中心 A 点，在图 1.16（b）中，将坐标原点取在 P 点。因此，式（1.1）~式（1.3）中，$\alpha=0$，$x_A=0$，$y_A=0$，$v_{Ax}=0$，$v_{Ay}=0$，$a_{Ax}=0$，$a_{Ay}=0$；$s=l_1=0.4\text{m}$；在装配成机构时，

P 点与 A 点重合，P 点 x、y 方向的坐标、速度和加速度分别为 $x_P=0$，$y_P=0$，$v_{Px}=0$，$v_{Py}=0$，$a_{Px}=0$，$a_{Py}=0$。

由以上已知条件，曲柄上 B 点的位置坐标表达式（1.1）简化为

$$\begin{cases} x_B = l_1 \cos\varphi_1 \\ y_B = l_1 \sin\varphi_1 \end{cases} \tag{1.62}$$

曲柄上 B 点的速度表达式（1.2）简化为

$$\begin{cases} v_{Bx} = -l_1\omega_1 \sin\varphi_1 = -\omega_1 y_B \\ v_{By} = l_1\omega_1 \cos\varphi_1 = \omega_1 x_B \end{cases} \tag{1.63}$$

曲柄上 B 点的加速度表达式（1.3）简化为

$$\begin{cases} a_{Bx} = \omega_1^2 l_1 \cos\varphi_1 = \omega_1^2 x_B \\ a_{By} = \omega_1^2 l_1 \sin\varphi_1 = \omega_1^2 y_B \end{cases} \tag{1.64}$$

在进行构件 1 质心（中点）运动分析时，即求解构件 1 质心 x、y 方向坐标（x_{S1}, y_{S1}），质心 x、y 方向速度 v_{S1x}、v_{S1y}，质心 x、y 方向加速度 a_{S1x}、a_{S1y} 时，图 1.1 和相关的公式中 $s=l_1/2$，$\theta=0$。

2. RRP Ⅱ级杆组的运动分析

在进行构件 2（连杆）端点的运动分析时，图 1.3 和式（1.14）～式（1.16）、式（1.21）、式（1.24）、式（1.26）中，$l_2=1.2\text{m}$。B 点的位置坐标 (x_B, y_B)，B 点在 x、y 方向的速度 v_{Bx}、v_{By}，B 点在 x、y 方向上的加速度 a_{Bx}、a_{By}，由单杆（曲柄）的运动分析求得。由于本例的机构已经确定，在应用式（1.15）～式（1.23）进行相应计算时，判别符 $z=+1$。

根据已知条件，式（1.16）简化为

$$d^2 = x_B^2 + y_B^2 \tag{1.65}$$

式（1.18）简化为

$$E = -2x_B \tag{1.66}$$

式（1.20）简化为

$$s_r = x_B + \sqrt{l_2^2 - y_B^2} \tag{1.67}$$

式（1.21）简化为

$$\begin{cases} x_C = s_r \\ y_C = 0 \end{cases} \tag{1.68}$$

进行本例 RRP Ⅱ 级杆组速度分析时，根据已知条件，构件 2 的角速度和相对速度式（1.23）简化为

$$\begin{cases} \omega_2 = -\dfrac{v_{By}}{x_C - x_B} \\ v_r = -\dfrac{v_{By} y_B + v_{By}(x_B - x_C)}{x_C - x_B} \end{cases} \tag{1.69}$$

C 点的速度式（1.24）简化为

$$\begin{cases} v_{Cx} = v_{Bx} - l_2 \omega_2 \sin \varphi_2 \\ v_{Cy} = v_{By} + l_2 \omega_2 \cos \varphi_2 = 0 \end{cases} \tag{1.70}$$

进行本例 RRP Ⅱ 级杆组加速度分析时，根据已知条件，构件 2 的角加速度以及相对加速度式（1.25）简化为

$$\begin{cases} \alpha_2 = -\dfrac{a_{By} + \omega_2^2 y_B}{x_C - x_B} \\ a_r = \dfrac{-(a_{By} + \omega_2^2 y_B) y_B + (x_B - x_C)(-a_{By} + \omega_2^2 (x_C - x_B))}{x_C - x_B} \end{cases} \tag{1.71}$$

滑块在 x、y 方向的加速度计算式（式（1.26））简化为

$$\begin{cases} a_{Cx} = a_{Bx} + \alpha_2 y_B - \omega_2^2 (x_C - x_B) \\ a_{Cy} = a_{By} + \alpha_2 (x_C - x_B) + \omega_2^2 y_B = 0 \end{cases} \tag{1.72}$$

在进行构件 2 质心（中点）运动分析时，即求解构件 2 质点（中点）坐标 (x_{S2}, y_{S2})，质心 x、y 方向速度 v_{S2x}、v_{S2y}，质心 x、y 方向加速度 a_{S2x}、a_{S2y} 时，按照求解单构件端部运动参数方法进行求解。图 1.3 中构件 2 的 B 点相当于图 1.1 中的 A 点，只是图 1.1 和相关的公式中 $s=l_2/2$。求解中用到的其他各量，通过构件 2 端点运动分析得到。

构件 3 的运动参数与构件 2 的 C 点处的运动参数完全相同。

3. RRPⅡ级杆组及曲柄受力分析

在进行本例的动态力分析时，构件 2 的外力矩 $M_2=0$、外力在 x 方向的分量 $F_{x2}=0$、外力在 y 方向的分量 $F_{y2}=0$；构件 3 的长度 $l_3=0$，位置角 $\varphi_3=0$，角速度 $\omega_3=0$，角加速度 $\alpha_3=0$，构件 3 上外力在 y 方向的分量 $F_{y3}=0$；$y_C=0$；m_1、m_2、m_3、J_{S1}、J_{S2} 与 RRPⅡ级杆组的运动分析和动态静力分析中字母含义相同。图 1.7 和图 1.9 简化为图 1.17。用到的位置坐标、速度和加速度等各量均在运动分析中求得。只有各个运动副反力 R_{12x}、R_{12y}、R_{23x}、R_{23y}、R_{34x}、R_{34y} 未知，故可以求解式（1.37）和式（1.38），从而求得 R_{12x}、R_{12y}、R_{23x}、R_{23y}、R_{34x}、R_{34y}。

同理，在单杆动态静力分析式（1.41）中，除 R_{41x}、R_{41y}、M_b 外，其余各量均已求得，故可以求解方程（1.41），从而求得 R_{41x}、R_{41y}、M_b。

4. 动态可靠性分析

在求解出各构件的受力表达式之后，根据式（1.42）～式（1.50）计算出构件的当量应力，然后可以用不同方法进行构件和机构的可靠性分析。

1）一次二阶矩法求解

由于相对各个构件长度而言，构件长度标准差非常小，因此将长度视为确定量，同时设所受外力为确定量（非随机变量），截面尺寸、材料密度、材料强度、重力加速度等为随机变量，且服从正态分布，不考虑材料强度随时间变化。则构件 2 中点所受的当量应力为

$$
\begin{aligned}
&S_{e2}(t)\\
&= -3x_{23}((y_B m_3 a_{S3x} - y_B F_{3x} + x_{21}x_{22}x_{23}\rho(y_B a_{S2x} - y_{S2}a_{S2x} - x_B a_{S2y} + x_{S2}a_{S2y} - x_B g + x_{S2}g)\\
&\quad + (x_{23}^2 + x_{22}^2)x_{21}x_{22}x_{23}\rho\alpha_2/12)\cos\varphi_2/(x_B - x_C) + (m_3 a_{S3x} - F_{3x})\sin\varphi_2)/(x_{21}x_{22}^2)\\
&\quad - ((y_B m_3 a_{S3x} - y_B F_{3x} + x_{21}x_{22}x_{23}\rho(y_B a_{S2x} - y_{S2}a_{S2x} - x_B a_{S2y} + x_{S2}a_{S2y} - x_B g + x_{S2}g)\\
&\quad + (x_{23}^2 + x_{22}^2)x_{21}x_{22}x_{23}\rho\alpha_2/12)\sin\varphi_2/(x_B - x_C) + (m_3 a_{S3x} - F_{3x})\cos\varphi_2)/(x_{21}x_{22})
\end{aligned}
$$

（1.73）

构件 2 的动态当量应力均值为

$$
\begin{aligned}
&\mu_{Se2}(t)\\
&= 3x_{23}(-(y_B m_3 a_{S3x} - y_B F_{3x} + \mu_\rho \mu_{x_{21}}\mu_{x_{22}}x_{23}(y_B a_{S2x} - y_{S2}a_{S2x} - x_B a_{S2y} + x_{S2}a_{S2y} - x_B g + x_{S2}g)\\
&\quad + (x_{23}^2 + \mu_{x_{22}}^2)\mu_\rho\mu_{x_{21}}\mu_{x_{22}}x_{23}\alpha_2/12)\cos\varphi_2/(x_B - x_C) - (m_3 a_{S3x} - F_{3x})\sin\varphi_2)/(\mu_{x_{21}}\mu_{x_{22}}^2)\\
&\quad + (-(y_B m_3 a_{S3x} - y_B F_{3x} + \mu_\rho\mu_{x_{21}}\mu_{x_{22}}x_{23}(y_B a_{S2x} - y_{S2}a_{S2x} - x_B a_{S2y} + x_{S2}a_{S2y} - x_B g + x_{S2}g)\\
&\quad + (x_{23}^2 + \mu_{x_{22}}^2)\mu_\rho\mu_{x_{21}}\mu_{x_{22}}x_{23}\alpha_2/12)\sin\varphi_2/(x_B - x_C) - (m_3 a_{S3x} - F_{3x})\cos\varphi_2)/(\mu_{x_{21}}\mu_{x_{22}})
\end{aligned}
$$

（1.74）

构件 2 的当量应力方差为

$$
\begin{aligned}
\sigma_{S_{e2}(t)}^2 &= \left(\frac{\partial S_{e2}(t)}{\partial x_{21}}\right)_{x_{21}=\mu_{x_{21}}}^2 \sigma_{x_{21}}^2 + \left(\frac{\partial S_{e2}(t)}{\partial x_{22}}\right)_{x_{22}=\mu_{x_{22}}}^2 \sigma_{x_{22}}^2 \\
&+ \left(\frac{\partial S_{e2}(t)}{\partial \rho}\right)_{\rho=\mu_\rho}^2 \sigma_\rho^2 + \left(\frac{\partial S_{e2}(t)}{\partial g}\right)_{g=\mu_g}^2 \sigma_g^2
\end{aligned}
\tag{1.75}
$$

式中，$\mu_{x_{ji}}$ 为构件 j 的第 i 个随机变量的均值。

构件 2 的动态当量应力对 x_{21} 偏导得

$$
\begin{aligned}
\frac{\partial S_{e2}(t)}{\partial x_{21}} &= (y_B m_3 a_{S3x} - y_B F_{3x}) + ((3x_{j3}\sin\varphi_2 + x_{22}\cos\varphi_2)x_B + x_{22}\sin\varphi_2 y_B \\
&- x_{22}\cos\varphi_2 x_C - 3x_{23}\sin\varphi_2 x_C + 3x_{23}\cos\varphi_2 y_B)/((x_B - x_C)x_{21}^2 x_{22}^2)
\end{aligned}
\tag{1.76}
$$

构件 2 的当量应力对 x_{22} 偏导得

$$
\begin{aligned}
\frac{\partial S_{e2}(t)}{\partial x_{22}} &= 6\frac{x_{23}\sin\varphi_2(m_3 a_{S3x} - F_{3x})}{x_{21}x_{22}^3} + 6\frac{x_{23}\cos\varphi_2 y_B(m_3 a_{S3x} - F_{3x})}{x_{21}x_{22}^3(x_B - x_C)} \\
&- \frac{1}{6}\frac{x_{22}\sin\varphi_2 x_{23}\rho\alpha_2}{(x_B - x_C)} + \frac{\cos\varphi_2 m_3 a_{S3x}}{x_{21}x_{22}^2} + \frac{\sin\varphi_2 y_B(m_3 a_{S3x} - F_{3x})}{x_{21}x_{22}^2(x_B - x_C)} \\
&+ 3\frac{x_{23}^2\cos\varphi_2\rho(a_{S2x}(y_B - y_{S2}) - a_{S2y}(x_B - x_{S2}))}{x_{22}^2(x_B - x_C)} \\
&- 3\frac{x_{23}^2\cos\varphi_2\rho g(x_B - x_{S2})}{x_{22}^2(x_B - x_C)} + \frac{1}{4}\frac{x_{23}^4\cos\varphi_2\rho\alpha_2}{x_{22}^2(x_B - x_C)} \\
&- \frac{1}{4}\frac{x_{23}^2\cos\varphi_2\rho\alpha_2}{x_B - x_C} - \frac{\cos\varphi_2 F_{3x}}{x_{21}x_{22}^2}
\end{aligned}
\tag{1.77}
$$

构件 2 的当量应力对 ρ 偏导得

$$
\begin{aligned}
&\frac{\partial S_{e2}(t)}{\partial \rho} \\
&= \frac{x_{23}((g + a_{S2y})(x_B - x_{S2}) - (y_B - y_{S2})a_{s2x} - (x_{23}^2 + x_{22}^2)\alpha_2/12)(3x_{23}\cos\varphi_2 + x_{22}\sin\varphi_2)}{x_{22}(x_B - x_C)}
\end{aligned}
\tag{1.78}
$$

构件 2 的当量应力对 g 偏导得

$$\frac{\partial S_{e2}(t)}{\partial g} = \frac{x_{23}\rho(x_B - x_{S2})(3x_{23}\cos\varphi_2 + x_{22}\sin\varphi_2)}{x_{22}(x_B - x_C)} \tag{1.79}$$

与构件 2 动态当量应力求解方法相同，可以得到构件 1（即曲柄）的动态当量应力表达式：

$$
\begin{aligned}
S_{e1}(t) = 6(&1/12(12x_{21}x_{22}x_{23}\rho g x_C - 12x_{S1}x_{11}x_{12}x_{13}\rho g + 12x_{S1}F_{1y} - 12y_{S1}F_{1x} \\
&- 12x_{S1}x_{11}x_{12}x_{13}\rho a_{S1y} - x_{21}x_{22}x_{23}^3\rho\alpha_2 - x_{21}x_{22}^3x_{23}\rho\alpha_2 + 12x_{21}x_{22}x_{23}\rho a_{S2y}x_C \\
&- 12x_{S2}x_{21}x_{22}x_{23}\rho a_{S2y} + 12y_{S2}x_{21}x_{22}x_{23}\rho a_{S2x} - 12x_{S2}x_{21}x_{22}x_{23}\rho g \\
&+ 12y_{S1}x_{11}x_{12}x_{13}\rho a_{S1x})x_B - y_{S1}x_C x_{11}x_{12}x_{13}\rho a_{S1x} + x_{S1}x_{11}x_{12}x_{13}\rho a_{S1y}x_C \\
&+ x_{S1}x_{11}x_{12}x_{13}\rho g x_C - y_B m_3 a_{S3x}x_C + y_{S1}x_C F_{1x} + y_B F_{3x}x_C - y_B x_{21}x_{22}x_{23}\rho a_{S2x}x_C \\
&- x_{S1}F_{1y}x_C)/((-x_B + x_C)x_{11}x_{12}^2) + ((-x_{21}x_{22}x_{23}\rho a_{S2y}x_C + y_B m_3 a_{S3x} - y_B F_{3x} \\
&+ y_B x_{21}x_{22}x_{23}\rho a_{S2x} - y_{S2}x_{21}x_{22}x_{23}\rho a_{S2x} + x_{S2}x_{21}x_{22}x_{23}\rho a_{S2y} + x_{S2}x_{21}x_{22}x_{23}\rho g \\
&+ 1/12x_{21}x_{22}x_{23}^3\rho\alpha_2 + 1/12x_{21}x_{22}^3x_{23}\rho\alpha_2 - x_{21}x_{22}x_{23}\rho g x_C)\sin\varphi_1/(x_B - x_C) \\
&+ (m_3 a_{S3x} - F_{3x} + x_{21}x_{22}x_{23}\rho a_{S2x})\cos\varphi_1)/(x_{11}x_{12}) \tag{1.80}
\end{aligned}
$$

曲柄动态当量应力均值表达式为

$$
\begin{aligned}
\mu_{S_{e1}(t)} = 6(&1/12(12\mu_{x_{21}}\mu_{x_{22}}x_{23}\mu_\rho\mu_g x_C - 12x_{S1}\mu_{x_{11}}\mu_{x_{12}}x_{13}\mu_\rho\mu_g + 12x_{S1}F_{1y} \\
&- 12y_{S1}F_{1x} - 12x_{S1}\mu_{x_{11}}\mu_{x_{12}}x_{13}\mu_\rho a_{S1y} - \mu_{x_{21}}\mu_{x_{22}}x_{23}^3\mu_\rho\alpha_2 - \mu_{x_{21}}\mu_{x_{22}}^3x_{23}\mu_\rho\alpha_2 \\
&+ 12\mu_{x_{21}}\mu_{x_{22}}x_{23}\mu_\rho a_{S2y}x_C - 12x_{S2}\mu_{x_{21}}\mu_{x_{22}}x_{23}\mu_\rho a_{S2y} + 12y_{S2}\mu_{x_{21}}\mu_{x_{22}}x_{23}\mu_\rho a_{S2x} \\
&- 12x_{S2}\mu_{x_{21}}\mu_{x_{22}}x_{23}\mu_\rho\mu_g + 12y_{S1}\mu_{x_{11}}\mu_{x_{12}}x_{13}\mu_\rho a_{S1x})x_B - y_{S1}x_C\mu_{x_{11}}\mu_{x_{12}}x_{13}\mu_\rho a_{S1x} \\
&+ x_{S1}\mu_{x_{11}}\mu_{x_{12}}x_{13}\mu_\rho a_{S1y}x_C + x_{S1}\mu_{x_{11}}\mu_{x_{12}}x_{13}\mu_\rho\mu_g x_C - y_B m_3 a_{S3x}x_C + y_{S1}x_C F_{1x} \\
&+ y_B F_{3x}x_C - y_B\mu_{x_{21}}\mu_{x_{22}}x_{23}\mu_\rho a_{S2x}x_C - x_{S1}F_{1y}x_C)/((-x_B + x_C)x_{j1b}x_{j2b}^2) \\
&+ ((-\mu_{x_{21}}\mu_{x_{22}}x_{23}\mu_\rho a_{S2y}x_C + y_B m_3 a_{S3x} - y_B F_{3x} + y_B\mu_{x_{21}}\mu_{x_{22}}x_{23}\mu_\rho a_{S2x} \\
&- y_{S2}\mu_{x_{21}}\mu_{x_{22}}x_{23}\mu_\rho a_{S2x} + x_{S2}\mu_{x_{21}}\mu_{x_{22}}x_{23}\mu_\rho a_{S2y} + x_{S2}\mu_{x_{21}}\mu_{x_{22}}x_{23}\mu_\rho\mu_g \\
&+ 1/12\mu_{x_{21}}\mu_{x_{22}}x_{23}^3\mu_\rho\alpha_2 + 1/12\mu_{x_{21}}\mu_{x_{22}}^3x_{23}\mu_\rho\alpha_2 - \mu_{x_{21}}\mu_{x_{22}}x_{23}\mu_\rho g x_C)\sin\varphi_1 \\
&/(x_B - x_C) + (m_3 a_{S3x} - F_{3x} + \mu_{x_{21}}\mu_{x_{22}}x_{23}\mu_\rho a_{S2x})\cos\varphi_1)/(\mu_{x_{11}}\mu_{x_{12}}) \tag{1.81}
\end{aligned}
$$

曲柄当量应力方差表达式为

$$\sigma_{S_{e1}(t)}^2 = \left(\frac{\partial S_{e1}(t)}{\partial x_{21}}\right)_{x_{21}=\mu_{x_{21}}}^2 \sigma_{x_{21}}^2 + \left(\frac{\partial S_{e1}(t)}{\partial x_{22}}\right)_{x_{22}=\mu_{x_{22}}}^2 \sigma_{x_{22}}^2$$

$$+ \left(\frac{\partial S_{e1}(t)}{\partial \rho}\right)_{\rho=\mu_\rho}^2 \sigma_\rho^2 + \left(\frac{\partial S_{e1}(t)}{\partial g}\right)_{g=\mu_g}^2 \sigma_g^2$$

$$+ \left(\frac{\partial S_{e1}(t)}{\partial \rho}\right)_{x_{11}=\mu_{x_{11}}}^2 \sigma_{x_{11}}^2 + \left(\frac{\partial S_{e1}(t)}{\partial g}\right)_{x_{12}=\mu_{x_{12b}}}^2 \sigma_{x_{12}}^2 \qquad (1.82)$$

式中，

$$\frac{\partial S_{e1}(t)}{\partial x_{21}} = -1/12 x_{22} x_{23} \rho((-72 y_{S2} a_{S2x} + 72 g x_{S2} - 72 a_{S2y} x_C - 72 g x_C$$

$$+ 6 x_{23}^3 \alpha_2 + 6 x_{22}^3 \alpha_2 + 12 x_{j2b} a_{S2x} \cos\varphi_1 + 72 a_{S2y} x_{S2}) x_B + x_{12} \sin\varphi_1 x_{23}^2 \alpha_2$$

$$+ x_{12} \sin\varphi_1 x_{22}^2 \alpha_2 - 12 x_{12} \sin\varphi_1 g x_C + 72 y_B a_{S2x} x_C - 12 x_{12} a_{S2x} \cos\varphi_1 x_C$$

$$+ 12 x_{12} \sin\varphi_1 y_B a_{S2x} - 12 x_{12} \sin\varphi_1 y_{S2} a_{S2x} + 12 x_{12} \sin\varphi_1 x_{S2} a_{S2y}$$

$$- 12 x_{12} \sin\varphi_1 a_{S2y} x_C + 12 x_{12} \sin\varphi_1 x_{S2} g) / ((-x_B + x_C) x_{11} x_{12}^2) \qquad (1.83)$$

$$\frac{\partial S_{e1}(t)}{\partial x_{22}} = -1/12 x_{21} x_{23} \rho((-72 g x_C + 6 x_{23}^2 \alpha_2 + 18 x_{22}^2 \alpha_2 - 72 a_{S2y} x_C + 72 a_{S2y} x_{S2}$$

$$- 72 y_{S2} a_{S2x} + 72 g x_{S2} + 12 x_{12} a_{S2x} \cos\varphi_1) x_B + 72 y_B a_{S2x} x_C - 12 x_{12} \sin\varphi_1 a_{S2y} x_C$$

$$+ 12 x_{12} \sin\varphi_1 y_B a_{S2x} - 12 x_{12} \sin\varphi_1 y_{S2} a_{S2x} + 12 x_{12} \sin\varphi_1 x_{S2} a_{S2y} + 12 x_{12} \sin\varphi_1 x_{S2} g$$

$$+ x_{12} \sin\varphi_1 x_{23}^3 \alpha_2 + 3 x_{12} \sin\varphi_1 x_{22}^2 \alpha_2 - 12 x_{12} \sin\varphi_1 g x_C$$

$$- 12 x_{12} a_{S2x} \cos\varphi_1 x_C) / ((-x_B + x_C) x_{11} x_{12}^2) \qquad (1.84)$$

$$\frac{\partial S_{e1}(t)}{\partial \rho} = 6(1/12(12 x_{21} x_{22} x_{23} g x_C - 12 x_{S1} x_{11} x_{12} x_{13} g - 12 x_{S1} x_{11} x_{12} x_{13} a_{S1y} - x_{21} x_{22} x_{23}^3 x_{23}^3 \alpha_2$$

$$- x_{21} x_{22}^3 x_{23} \alpha_2 + 12 x_{21} x_{22} x_{23} a_{S2y} x_C - 12 x_{S2} x_{21} x_{22} x_{23} a_{S2y} + 12 y_{S2} x_{21} x_{22} x_{23} a_{S2x}$$

$$- 12 x_{S2} x_{21} x_{22} x_{23} g + 12 y_{S1} x_{11} x_{12} x_{13} a_{S1x}) x_B - y_{S1} x_C x_{11} x_{12} x_{13} a_{S1x} + x_{S1} x_{11} x_{12} x_{13} a_{S1y} x_C$$

$$+ x_{S1} x_{11} x_{12} x_{13} g x_C - y_B x_{21} x_{22} x_{23} a_{S2x} x_C) / ((-x_B + x_C) x_{11} x_{12}^2) + ((-x_{21} x_{22} x_{23} a_{S2y} x_C$$

$$+ y_B x_{21} x_{22} x_{23} a_{S2x} - y_{S2} x_{21} x_{22} x_{23} a_{S2x} + x_{S2} x_{21} x_{22} x_{23} a_{S2y} + x_{S2} x_{21} x_{22} x_{23} g$$

$$+ 1/12 x_{21} x_{22} x_{23}^3 \alpha_2 + 1/12 x_{21} x_{22}^3 x_{23} \alpha_2 - x_{21} x_{22} x_{23} g x_C) \sin\varphi_1 / (x_B - x_C)$$

$$+ x_{21} x_{22} x_{23} a_{S2x} \cos\varphi_1) / (x_{11} x_{12}) \qquad (1.85)$$

$$\frac{\partial S_{e1}(t)}{\partial g} = \rho((6x_{21}x_{22}x_{23}x_C - 6x_{S1}x_{11}x_{12}x_{13} - 6x_{S2}x_{21}x_{22}x_{23}x_C)x_B + 6x_{S1}x_{11}x_{12}x_{13}x_C$$

$$- x_{21}x_{22}x_{23}x_{12}(x_{S2} + x_{12}x_C)\sin\varphi_1)/((-x_B + x_C)x_{11}x_{12}^2) \qquad (1.86)$$

$$\frac{\partial S_{e1}(t)}{\partial x_{11}} = 1/12((12x_{21}\cos\varphi_1 x_{21}x_{22}x_{23}\rho a_{S2x} - 12x_{21}F_{3x}\cos\varphi_1 - 72x_{21}x_{22}x_{23}\rho gx_C$$

$$+ 72y_{S1}F_{1x} - 72x_{S1}F_{1y} + 12x_{21}a_{S3x}m_3\cos\varphi_1 + 72x_{S2}x_{21}x_{22}x_{23}\rho g$$

$$- 72y_{S2}x_{21}x_{22}x_{23}\rho a_{S2x} + 72x_{S2}x_{21}x_{22}x_{23}\rho a_{S2y} - 72x_{21}x_{22}x_{23}\rho a_{S2y}x_C$$

$$+ 6x_{21}x_{22}x_{23}^3\rho\alpha_2 + 6x_{21}x_{22}^3x_{23}\rho\alpha_2)x_B - 12x_{12}\sin\varphi_1 y_B F_{3x}$$

$$+ 12x_{12}\sin\varphi_1 x_{S2}x_{21}x_{22}x_{23}\rho a_{S2y} - 12x_{12}\sin\varphi_1 x_{21}x_{22}x_{23}\rho gx_C$$

$$+ x_{12}\sin\varphi_1 x_{21}x_{22}^3x_{23}\rho\alpha_2 + 12x_{12}\sin\varphi_1 x_{S2}x_{21}x_{22}x_{23}\rho g$$

$$+ x_{12}\sin\varphi_1 x_{21}x_{22}x_{23}^3\rho\alpha_2 + 12x_{12}\cos\varphi_1 F_{3x}x_C$$

$$+ 12x_{12}\sin\varphi_1 y_B x_{21}x_{22}x_{23}\rho a_{S2x} - 12x_{12}\cos\varphi_1 x_{21}x_{22}x_{23}\rho a_{S2x}x_C$$

$$- 12_{12}\cos m_3\varphi_1 a_{S3x}x_C - 12_{12}\sin\varphi_1 y_{S2}x_{21}x_{22}x_{23}\rho a_{S2x}$$

$$+ 72y_B x_{21}x_{22}x_{23}\rho a_{S2x}x_C - 12x_{12}\sin\varphi_1 x_{21}x_{22}x_{23}\rho a_{S2y}x_C$$

$$+ 12x_{12}\sin\varphi_1 y_B m_3 a_{S3x} + 72x_{S1}F_{1y}x_C - 72y_B F_{3x}x_C - 72y_{S1}x_C F_{1x}$$

$$+ 72y_B m_3 a_{S3x}x_C)/((-x_B + x_C)x_{11}^2 x_{12}^2) \qquad (1.87)$$

$$\frac{\partial S_{e1}(t)}{\partial x_{12}} = 6(1/12(-12x_{S1}x_{11}x_{13}\rho g - 12x_{S1}x_{11}x_{13}\rho a_{S1y} + 12y_{S1}x_{11}x_{13}\rho a_{S1x})x_B$$

$$- y_{S1}x_C x_{11}x_{13}\rho a_{S1x} + x_{S1}x_{11}x_{13}\rho a_{S1y}x_C + x_{S1}x_{11}x_{13}\rho gx_C)/((-x_B + x_C)x_{11}x_{12}^2)$$

$$- 12(1/12(12x_{21}x_{22}x_{23}\rho gx_C - 12x_{S1}x_{11}x_{12}x_{13}\rho g + 12x_{S1}F_{1y} - 12y_{S1}F_{1x}$$

$$- 12x_{S1}x_{11}x_{12}x_{13}\rho a_{S1y} - x_{11}x_{12}x_{13}^3\rho\alpha_2 - x_{21}x_{22}^3x_{23}\rho\alpha_2 + 12x_{21}x_{22}x_{23}\rho a_{S2y}x_C$$

$$- 12x_{S2}x_{21}x_{22}x_{23}\rho a_{S2y} + 12y_{S2}x_{21}x_{22}x_{23}\rho a_{S2x} - 12x_{S2}x_{21}x_{22}x_{23}\rho g$$

$$+ 12y_{S1}x_{11}x_{13}\rho a_{S1x})x_B - y_{S1}x_C x_{11}x_{12}x_{13}\rho a_{S1x} + x_{S1}x_{11}x_{12}x_{13}\rho a_{S1y}x_C$$

$$+ x_{S1}x_{11}x_{12}x_{13}\rho gx_C - y_B m_3 a_{S3x}x_C + y_{S1}x_C F_{1x} + y_B F_{3x}x_C - y_B x_{21}x_{22}x_{23}\rho a_{S2x}x_C$$

$$- x_{S1}F_{1y}x_C)/((-x_B + x_C)x_{11}x_{12}^3) - ((-x_{21}x_{22}x_{23}\rho a_{S2y}x_C + y_B m_3 a_{S3x} - y_B F_{3x}$$

$$+ y_B x_{21}x_{22}x_{23}\rho a_{S2x} - y_{S2}x_{21}x_{22}x_{23}\rho a_{S2x} + x_{S2}x_{21}x_{22}x_{23}\rho a_{S2y} + x_{S2}x_{21}x_{22}x_{23}\rho g$$

$$+ 1/12x_{j1}x_{j2}x_{j3}^3\rho\alpha_2 + 1/12x_{21}x_{22}^2x_{23}\rho\alpha_2 - x_{21}x_{22}x_{23}\rho gx_C)\sin\varphi_1/(x_B - x_C)$$

$$+ (m_3 a_{S3x} - F_{3x} + x_{21}x_{22}x_{23}\rho a_{S2x})\cos\varphi_1)/(x_{11}x_{12}^2) \qquad (1.88)$$

　　将式（1.74）、式（1.75）、式（1.81）、式（1.82）代入式（1.51）或式（1.52），并代入已知数据，经计算机仿真，得曲柄 1 和连杆 2 的可靠性指标 $\beta_1(t)$、$\beta_2(t)$，可靠度 $P_1(t)$、$P_2(t)$ 和系统可靠度 $P(t)$ 在时域[0, T]内随时间变化曲线如图 1.18～

图 1.22 所示。由图可知，当曲柄以角速度 ω_1=32s^{-1} 逆时针匀速转动时，在 φ_1=324.864° 处得到曲柄 1 的可靠性指标最小值为 $\beta_{1\min}$=2.0091，同时得到曲柄 1 的可靠度最小值为 $P_{1\min}$=0.995。另外，在 φ_1=109.44° 处，得到连杆 2 的可靠性指标最小值为 $\beta_{2\min}$=-0.0043，此时连杆 2 的可靠度为 $P_{2\min}$=0.4983。可见在本例的参数条件下，系统的可靠度取决于连杆 2 的可靠度。经过计算系统此时可靠度最小值为 $P_{\min}$=0.4983。

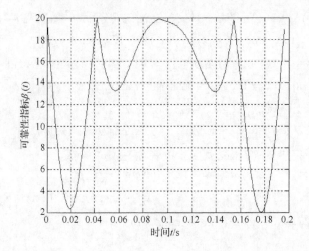

图 1.18　构件 1 可靠性指标 $\beta_1(t)$ 曲线

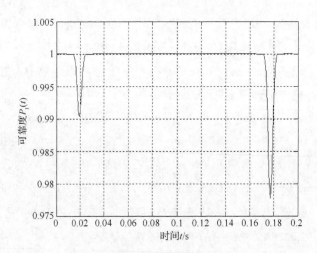

图 1.19　构件 1 可靠度 $P_1(t)$ 曲线

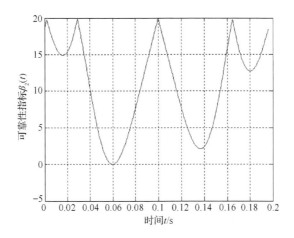

图 1.20 构件 2 可靠性指标 $\beta_2(t)$ 曲线

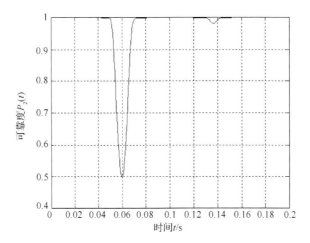

图 1.21 构件 2 可靠度 $P_2(t)$ 曲线

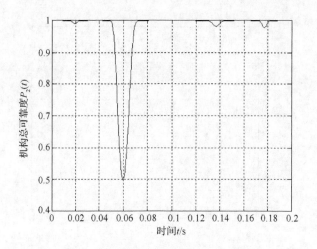

图 1.22　曲柄滑块机构动态可靠度 $P_2(t)$ 曲线

　　为了比较方便，一次二阶矩法和蒙特卡罗法求得的构件 1、构件 2 和机构的可靠度如表 1.2 所示。

表 1.2　不同方法求得的机构及各构件可靠度

方法	构件 1	构件 2	机构
MCM	0.976	0.490	0.466
一次二阶矩	0.995	0.4983	0.4983

2）蒙特卡罗法求解

　　在用蒙特卡罗法求解时，首先进行机构的运动分析、动力分析和动态应力分析。然后，根据式（1.57）～式（1.61），取 $N=1000$，得到构件 1 的失效概率为 0.024，即 $P_{1f}=0.024$，则可靠度 $P_1=1-P_{1f}=0.976$；构件 2 的失效概率为 0.51，即 $P_{2f}=0.51$，则可靠度 $P_2=1-P_{2f}=0.49$。在分析时域内进行 1000 次抽样，每一组抽样随机变量数据都对应一组当量应力的动态响应，每组动态响应都有最大值。1000 组抽样样本对应的全部动态响应的最大值分布情况如图 1.23、图 1.24所示。

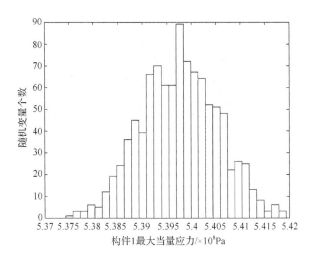

图 1.23　不同随机变量下构件 1 最大当量应力分布

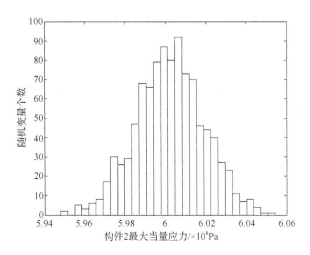

图 1.24　不同随机变量下构件 2 最大当量应力分布

经检验，动态响应的最大值分布服从正态分布；1000 组抽样样本对应的全部动态响应的最大值变化曲线如图 1.25、图 1.26 所示。

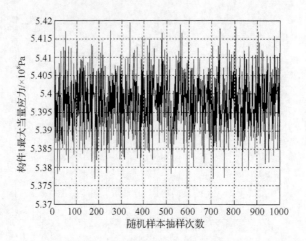

图 1.25　不同输入随机变量下构件 1 的最大当量应力变化曲线

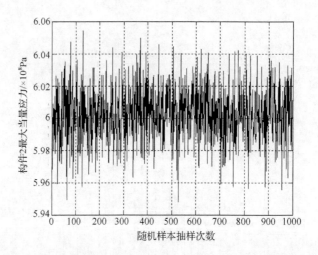

图 1.26　不同输入随机变量下构件 2 的最大当量应力变化曲线

2 基于基本杆组法的机构动态
可靠性优化设计

在工程设计中，设计变量和参数具有随机性或约束条件中含有概率约束的机械系统优化设计被称为机械系统的可靠性优化设计[1]。机械系统可靠性优化设计又分为静态可靠性优化设计和动态可靠性优化设计。机械系统的静态可靠性优化设计是不考虑系统运动过程中各构件的惯性力对构件的影响，将可靠性分析与优化设计相结合而进行的确定构件尺寸的设计方法。机械系统的动态可靠性优化设计是考虑系统运动过程中各构件的惯性力对构件的影响，将可靠性分析与优化设计相结合而进行的确定构件尺寸的设计方法。

由于机构构件的运动范围大，在运动的过程中构件产生的惯性力不可忽略，因此，机构的可靠性优化设计属于动态可靠性优化设计。机构动态可靠性优化设计又可以分为机构动态刚度可靠性优化设计、机构动态强度可靠性优化设计、机构动态性能可靠性优化设计等。机构动态刚度可靠性优化设计是将机构动态刚度可靠性分析与优化设计相结合，确定机构构件截面尺寸的设计方法。机构动态刚度可靠性优化设计主要分为以机构动态刚度可靠性为约束的优化设计和以机构动态刚度可靠性为目标的优化设计两大类。机构动态强度可靠性优化设计分为以机构动态强度可靠性为约束的优化设计和以机构动态强度可靠性为目标的优化设计两大类。机构动态性能可靠性优化设计分为以机构动态性能可靠性为约束的优化设计和以机构动态性能可靠性为目标的优化设计两大类。

本章分别建立机构动态可靠性优化设计的均值模型、概率模型、方差模型和混合模型，并且以材料密度、材料强度、构件截面尺寸等为随机变量，将基于基本杆组法的机构动态强度可靠性分析与传统优化设计相结合，以可靠性指标为约束函数，以构件质量为目标函数，以构件截面尺寸（均值）为设计变量，建立基于基本杆组法的机构动态强度可靠性优化设计的通用均值模型，给出求解方法，并以曲柄滑块机构为例进行实例仿真。

2.1 基于基本杆组法的机构动态可靠性优化设计模型

机构动态可靠性优化设计与机械零件的可靠性优化设计[5]类似，只是比机械零件的可靠性优化设计更加复杂。由于对具体问题的要求不同，机构动态可靠性优化设计模型分为均值可靠性优化设计模型、概率可靠性优化设计模型、方差可靠性优化设计模型和混合可靠性优化设计模型。

2.1.1　均值可靠性优化设计模型

均值模型就是求设计变量 X 的均值，使得其满足：

$$\begin{cases} \min \quad E\big(f\big(X(t),\omega\big)\big) \\ \text{s.t.} \ P\big(g\big(X(t),\omega\big)\geqslant 0\big)\geqslant P_0 \\ \quad q_j\big(X(t)\big)\geqslant 0 \\ \quad h_k\big(X(t)\big)=0 \\ \quad X,\omega\in[\Omega,S,P] \end{cases} \qquad (2.1)$$

式中，$t\in T$，T 为机构运动时域；$X=(x_1 \ x_2 \ x_i \ \cdots \ x_n)$，$x_i$ 为设计变量，$i=1,2,\cdots,n$ 为设计变量的数量；q_j 为除可靠性约束外的其他不等式约束，$j=1,2,\cdots,m$ 为不等式约束的数量；h_k 为等式约束，$k=1,2,\cdots,l$ 为等式约束的数量；P_0 为机构要求的可靠度；ω 为角速度。材料的强度、弹性模量、密度、摩擦系数等性能参数以及外载荷等为随机参数。$X,\omega\in[\Omega,S,P]$ 表示概率空间，Ω 称为基本事件空间，S 称为事件的全体，P 称为事件的概率。

均值模型可以作为具有动态参数可靠度约束的机构动态可靠性优化设计模型，其目标函数 $f\big(X(t),\omega\big)$ 可以是机构的质量、成本或者某项（些）具体的性能指标；其约束函数 $P\big(g\big(X(t),\omega\big)>0\big)\geqslant P_0$ 是可靠性约束，即要求机构的可靠度不低于事先给定的可靠度 P_0。在航空、航天领域，由于发射成本的需要，通常是在满足可靠性要求的情况下追求质量最小，以节约发射成本。因此，以构件质量均值最小为目标函数的机构可靠性优化设计的均值模型具有极其重要的现实意义。

由于机构在运动的过程中，其可靠性是动态变化的，因此在进行优化设计求解时，需要将整个运动时域离散成若干时间点，在每个离散的时间点上进行机构的可靠性优化设计，求解出该时刻的设计变量（均值），然后将全部时间离散点上的设计变量（均值）进行比较，得到其中的最大设计变量（均值）。此设计变量（均值）的最大值就是满足机构可靠性要求且使构件质量最小的设计变量的最佳值。机构可靠性优化设计计算精度随着时间离散点个数的增加而提高。

2.1.2   概率可靠性优化设计模型

概率模型就是求设计变量 X（均值），使得其满足：

$$\begin{cases} \max \quad P\big(g\big(X\big(t\big),\omega\big)\big) \\ \text{s.t.} \;\; E\big(f\big(X\big(t\big),\omega\big)\big) \leqslant m_0 \\ \quad\quad q_j\big(X\big(t\big)\big) \geqslant 0 \\ \quad\quad h_k\big(X\big(t\big)\big) = 0 \\ \quad\quad X,\omega \in [\varOmega, S, P] \end{cases} \tag{2.2}$$

式中各符号意义同式（2.1）。

概率模型是以机构可靠度为目标函数，以构件质量或者费用均值为约束函数的机构可靠性优化设计模型。其目标函数 $P\big(f\big(X\big(t\big),\omega\big)\big)$ 是机构的可靠性指标，其约束函数 $E\big(g\big(X\big(t\big),\omega\big) \geqslant 0\big) \leqslant m_0$ 是机构的质量均值约束，即要求机构的质量不大于事先给定 m_0 的前提下，使得机构的可靠度最高。

概率模型可以作为具有动态参数可靠度目标的机构动态可靠性优化设计模型。作为目标的机构动态可靠度一般给出设计时域内的最低可靠度要求，通常情况下，以特定运动时域的可靠度或者某些（某一个）具体时刻的可靠度作为设计目标。

2.1.3   方差可靠性优化设计模型

方差模型就是求设计变量 X（均值），使得其满足：

$$\begin{cases} \min \quad D\big(f\big(X\big(t\big),\omega\big)\big) \\ \text{s.t.} \;\; P\big(g\big(X\big(t\big),\omega\big) \geqslant 0\big) \geqslant P_0 \\ \quad\quad q_j\big(X\big(t\big)\big) \geqslant 0 \\ \quad\quad h_k\big(X\big(t\big)\big) = 0 \\ \quad\quad X,\omega \in [\varOmega, S, P] \end{cases} \tag{2.3}$$

式中各符号意义同式（2.1）。

方差模型可以作为具有动态精度可靠度约束的机构动态可靠性优化设计模型。其实质就是在满足可靠性要求的情况下，使得目标函数的方差最小。材料性能参数方差越小，表示材料质量越高；在材料确定的设计中，目标函数的方差越小，表示构件尺寸的公差带越小，加工精度越高，因此机构的运动精度高。

2.1.4　混合可靠性优化设计模型

混合模型分为两种：

一是求设计变量 X （均值），使其满足：

$$\begin{cases} \min \quad \omega_1 E\big(f\big(X(t),\omega\big)\big) + \omega_2 D\big(f\big(X(t),\omega\big)\big) \\ \text{s.t.} \quad P\big(g\big(X(t),\omega\big) \geqslant 0\big) \geqslant P_0 \\ \quad\quad q_j\big(X(t)\big) \geqslant 0 \\ \quad\quad h_k\big(X(t)\big) = 0 \\ \quad\quad X,\omega \in [\Omega,S,P] \end{cases} \tag{2.4}$$

二是求设计变量 X （均值），使其满足：

$$\begin{cases} \max \quad P\big(g\big(X(t),\omega\big) \geqslant 0\big) \\ \text{s.t.} \quad \omega_1 E\big(f\big(X(t),\omega\big)\big) + \omega_2 D\big(f\big(X(t),\omega\big)\big) \leqslant C \\ \quad\quad q_j\big(X(t)\big) \geqslant 0 \\ \quad\quad h_k\big(X(t)\big) = 0 \\ \quad\quad X,\omega \in [\Omega,S,P] \end{cases} \tag{2.5}$$

式中各符号意义同式（2.1）。

机构动态可靠性优化设计的混合模型是综合考虑机构构件材料质量成本和加工成本的组合模型，而且考虑的材料、质量成本和加工成本的权值，其中 ω_1 为质量成本的加权系数，ω_2 为方差在成本中的加权系数。第一种混合模型是在满足可靠度约束的情况下使得考虑质量成本加权系数 ω_1 和加工成本加权系数 ω_2 的情况下其综合成本最低；第二种混合模型是在满足考虑质量成本加权系数 ω_1 和加工成本加权系数 ω_2 的情况下，综合成本不高于给定 C 值的前提下，可靠性最高。

上述模型中，最具代表性且最具现实意义的模型是均值模型，均值模型的目标函数可以是机构的质量、成本或某项（些）具体的性能指标。由于航空、航天以及机器人领域，人们最希望的是质量最小，所以这里研究以构件质量最小为目标函数、以可靠度为约束函数的机构动态可靠性优化设计均值模型的建立和求解方法。

2.2 基于基本杆组法的机构动态可靠性 优化设计模型的建立与求解

进行机构动态可靠性优化设计时，首先要建立机构的运动分析数学模型、动力分析数学模型、构件受力分析数学模型、构件应力分析数学模型、构件动态强度可靠性分析数学模型以及机构整体动态强度可靠性分析数学模型，这些工作已经在前面完成，在此直接加以应用。

2.2.1 机构构件动态强度可靠性优化设计模型

设 t 时刻机构要求强度可靠度为 $P(t)$，构件 j 在 t 时刻要求的可靠为 $P_j(t)$，对应的可靠性指标为 β_j。若按各构件等可靠度原则，n 个构件中构件 j 的可靠度与机构整体可靠度的关系和构件 j 的可靠性指标分别为

$$P_j = P^{\frac{1}{n}} \tag{2.6}$$

$$\beta_j = \varPhi^{-1}(P_j) \tag{2.7}$$

但是，机构的可靠度分配有时候不是简单地按照等可靠度原则，需要按照实际情况进行可靠度分配。例如，机构在运动过程中，各个构件的可靠度不是同时出现最小值，这时，简单地按照等可靠度原则分配，则不合实际情况。在这里暂且以等可靠度分配的情况进行优化设计。如果各个构件不是等可靠度，则按照实际情况进行。

由于相对各个构件长度均值而言，构件长度标准差非常小，因此可将长度视为确定量，同时设所受外力为确定量，构件截面尺寸、材料密度、材料强度、重力加速度等为随机变量，且服从正态分布；在设计周期内不考虑材料强度随时间变化，则以可靠性指标为约束函数、以构件质量为目标函数、以构件截面尺寸（均值）为设计变量的机构构件动态强度可靠性优化设计均值模型[6]为

$$
\begin{cases}
\min \quad E\left(f_j\left(X(t), \rho_j\right)\right) \\
\text{s.t.} \quad \dfrac{\mu_{R_j} - \mu_{S_{ej}(t)}}{\sqrt{\sigma_{R_j}^2 + \sigma_{S_{ej}(t)}^2}} \geq \varPhi^{-1}(P_j) \\
\quad q_j\left(X(t)\right) = 0 \\
\quad a \leqslant x_{ji} \leqslant b
\end{cases}
\tag{2.8}
$$

式中，$\dfrac{\mu_{R_j} - \mu_{s_{ej}(t)}}{\sqrt{\sigma_{R_j}^2 + \sigma_{s_{ej}(t)}^2}} = \beta_j$ 为构件 j 可靠性指标；$f_j\left(X(t), \rho_j\right)$ 为构件 j 质量函数，

$j = 1, 2, \cdots, n$，n 为机构构件数；ρ_j 为构件 j 材料密度均值；x_{ji} 为构件 j 截面第 i 个边长尺寸，$i = 1, 2, 3$ 为机构的构件截面尺寸数；$\mu_{s_{ej}(t)}$ 为构件 j 中点当量应力均值；$\sigma_{s_{ej}(t)}$ 为构件 j 中点当量应力标准差；μ_{R_j} 为构件 j 材料强度均值；σ_{R_j} 为构件 j 材料强度标准差；P_j 为构件 j 要求的可靠度；$q_j\left(X(t)\right) = 0$ 为设计变量应该满足的其他等式约束，a，b 为设计变量的上、下边界；其他符号含义同式（2.1）。其中

$$\mu_{s_{ej}} \approx s_{ej}\left(\mu_{x_1}, \mu_{x_2}, \cdots, \mu_{x_n}\right) \tag{2.9}$$

$$\sigma_{s_{ej}(t)}^2 = \sum_{i=1}^{n} \left(\frac{\partial S_{ej}(t)}{\partial x_i}\right)_{x_i = \mu_{x_i}}^2 \sigma_{x_i}^2 \tag{2.10}$$

将式（2.8）中相关各量用设计变量（均值）和已知随机变量表示，得到以设计变量表示的当量应力表达式，对该式用一次二阶矩法，求得用设计变量（均值）$\mu_{x_{ji}}$ 和标准差 $\sigma_{x_{ji}}$ 以及其他随机变量均值和方差表示的当量应力的均值和方差，将设计变量标准差用设计变量（均值）和设计变量变异系数表示（$\sigma_{x_{ji}} = v_{x_{ji}} \mu_{x_{ji}}$，$v_{x_{ji}}$ 为设计变量变异系数，$i = 1, 2, \cdots$），将构件中点当量应力的均值 $\mu_{s_{ej}(t)}$ 和标准差 $\sigma_{s_{ej}(t)}$（$j = 1, 2, \cdots, n$）代入式（2.8），得到以设计变量（均值）表示的机构构件 j 动态可靠性优化设计均值模型具体表达式。设计变量变异系数 $v_{x_{ji}}$ 可根据构件的加工精度公差要求和可靠性要求确定。

2.2.2　机构整体动态强度可靠性优化设计模型

在构件动态可靠性优化设计的基础上，可以建立机构整体动态强度可靠性优化设计模型：

$$\begin{cases} \min & E\left(\displaystyle\sum_{j=1}^{n} f_j\left(X(t), \rho_j\right)\right) \\[2mm] \text{s.t.} & \dfrac{\mu_{R_j} - \mu_{s_{ej}(t)}}{\sqrt{\sigma_{R_j}^2 + \sigma_{s_{ej}(t)}^2}} \geqslant \Phi^{-1}(P_j) \\[4mm] & q_j\left(X(t)\right) = 0 \\[2mm] & a \leqslant x_{ji} \leqslant b \end{cases} \tag{2.11}$$

式中各符号含义同式（2.8）。

式（2.11）的求解过程与式（2.8）的求解过程相同，只不过式（2.11）针对的是机构整体，而式（2.8）针对的是第 j 个构件。

2.2.3 机构动态强度可靠性优化设计模型的求解

用设计变量表示的机构动态可靠性优化设计均值模型的求解非常困难，无法用手工求解，须用数值法求解。而数值求解的具体方法又可分为几种，本章研究其中两种：一种方法是一次二阶矩 MATLAB 优化工具箱求解法；另一种方法是蒙特卡罗一维搜索的加步探索法。

1. 一次二阶矩 MATLAB 优化工具箱求解法

一次二阶矩 MATLAB 优化工具箱求解法是将可靠性优化设计均值模型中的目标函数和约束函数用已知随机参数均值、方差和设计变量（均值）表示，将设计变量的方差借助于一次二阶矩法用设计变量（均值）表示，然后用计算机数值求解。在求解的过程中，首先进行机构的位移分析和运动分析，得到构件在整个运动时域[0, T]内 t 时刻的位置参数和运动参数。在此基础上，将式（2.8）通过 MATLAB 优化工具箱命令寻求 t 时刻机构各构件设计变量的最优解，然后在整个时域[0, T]内将得到的每一时刻设计变量的最优解进行比较，求得设计变量在时域[0, T]内最优解的最大值。该最大值即为构件在整个运动时域[0, T]内的最优解，以此最优解作为该构件的截面尺寸，则该构件在满足可靠性要求的前提下质量最小。其流程如图 2.1 所示。

2. 蒙特卡罗一维搜索的加步探索法

蒙特卡罗一维搜索的加步探索法求解步骤如下：

（1）给定一个很小的设计变量（均值）的初值。

（2）按照步骤（1）给定的设计变量（均值）的初值、材料参数、动力参数等量的分布特征产生随机输入变量。

（3）进行构件和机构运动分析、动力分析。

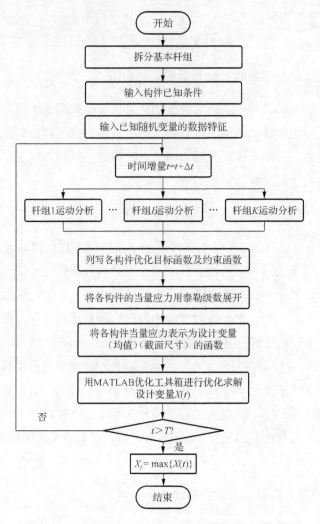

图 2.1　一次二阶矩 MATLAB 优化工具箱求解流程

（4）将算得的构件和机构的可靠度与事先给定（要求）的可靠度 P_0 比较，如果实际可靠度 P 与 P_0 之差小于预先给定的极小量 ε，则以此时的设计变量（均值）作为构件的截面尺寸，构件在满足可靠度要求的前提下质量最小；如果可靠度没有达到要求，则在前一给定设计变量的基础上增加一个微小数值，重复进行步骤（2）～（4），直到可靠度达到要求为止。蒙特卡罗一维搜索的加步探索法优化求解的流程如图 2.2 所示。

用上述方法得到的机构构件设计变量（均值）作为机构构件的截面尺寸，则机构构件在满足可靠度要求的情况下质量最小。

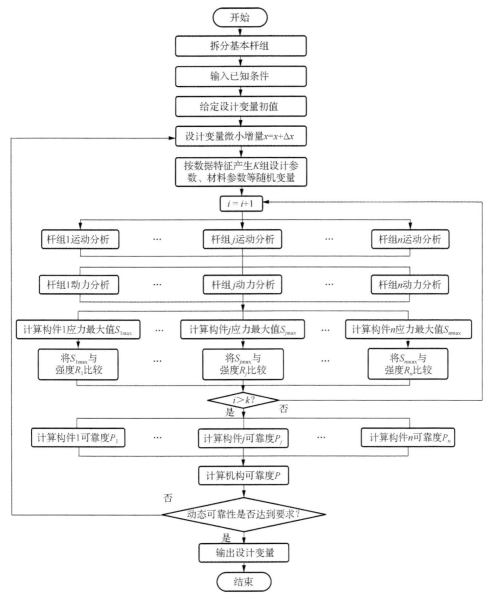

图 2.2 蒙特卡罗法优化设计流程

由于基本杆组法的动力学方程求解比多体系统动力学方程求解容易得多，所以在用基本杆组法进行运动、动力分析时，该方法在耗时可以接受的情况下，显示出其精度的优越性。

对机构中每个构件都进行优化，则机构在满足可靠度要求的条件下质量最小。如果不考虑材料强度随时间的变化，在机构一个运转周期内进行优化即可。

上述方法中，蒙特卡罗法的精度比较高，但是其计算量大，当机构构件很多时，其计算量大得惊人；一次二阶矩求解是直接调用 MATLAB 优化工具箱优化命令语句，不用重新编制优化设计的求解程序，但是其计算精度不如蒙特卡罗法计算精度高，且不稳定。

2.3 算　例

2.3.1 已知条件

如图 1.14 所示对心曲柄滑块机构，已知曲柄长度 $l_1 = 0.4$m，连杆长度 $l_2 = 1.2$m，滑块 3 的质量为 6kg，滑块上作用有沿 x 正方向的恒力 $F_{3x} = 1000$N。要求机构的强度可靠度不低于 0.9975，试确定曲柄分别以角速度 $\omega_1 = 10\text{s}^{-1}$、$\omega_1 = 30\text{s}^{-1}$、$\omega_1 = 32\text{s}^{-1}$ 逆时针匀速转动时，为使机构在满足可靠度要求的情况下质量最小的各个构件截面尺寸，即求曲柄的截面尺寸 x_{11}、x_{12} 和连杆截面尺寸 x_{21}、x_{22}。材料密度 ρ、材料强度 R、重力加速度 g 等信息如表 2.1 所示。

表 2.1　构件材料参数

变量	密度 ρ/（t/m³）	强度 R/MPa	重力加速度 g/（m/s²）
均值	7.8×10^3	600	9.8
标准差	1.0×10^{-3}	30	0.49

2.3.2 求解

构件采用矩形截面，并且采用优选数，取截面底边长是高的 0.618 倍（本例采用构件截面底边长与高的比例为 0.618，只是为了说明机构动态强度可靠性优化设计方法）。这里 x_{j1}、x_{j2} 表示设计变量（均值）。为了对比，本例采用两种方法求解。

1. 一次二阶矩法

根据式（2.1）写出本例的机构构件动态强度可靠性优化设计均值模型为

$$\begin{cases} \min & E\left(\prod_{i=1}^{3} x_{ji}\rho_j\right) \\ \text{s.t.} & \dfrac{\mu_{R_j} - \mu_{s_{ej}(t)}}{\sqrt{\sigma_{R_j}^2 + \sigma_{s_{ej}(t)}^2}} \geqslant \Phi^{-1}\left(P_j(t)\right) \\ & x_{j1} - 0.618x_{j2} = 0 \\ & a \leqslant x_{ji} \leqslant b \end{cases} \quad (2.12)$$

机构整体动态强度可靠性优化设计均值模型为

$$
\begin{cases}
\min & E\left(\sum_{j=1}^{2}(\prod_{i=1}^{3}x_{ji}\rho_j)\right) \\
\text{s.t.} & \dfrac{\mu_{R_j}-\mu_{s_{ej}(t)}}{\sqrt{\sigma_{R_j}^2+\sigma_{s_{ej}(t)}^2}}\geqslant \Phi^{-1}\left(P_j(t)\right) \\
& x_{j1}-0.618x_{j2}=0 \\
& a\leqslant x_{ji}\leqslant b
\end{cases}
\tag{2.13}
$$

式（2.12）和式（2.13）中，μ_{R_j}、$\sigma_{R_j}^2$ 分别为材料强度的均值和方差，由已知条件给出；$\mu_{s_{e1}(t)}$、$\sigma_{s_{e1}(t)}^2$、$\mu_{s_{e2}(t)}$、$\sigma_{s_{e2}(t)}^2$ 分别为构件 1 和构件 2 的当量应力均值和方差，表达式如式（1.81）、式（1.82）和式（1.74）、式（1.75）所示；$j=1,2$，$i=1,2,3$，$j=1$ 为曲柄，$j=2$ 为连杆，$i=1$ 为构件截面底边宽度尺寸，$i=2$ 为构件截面高度尺寸，$i=3$ 为构件长度尺寸。例如 x_{11} 表示构件 1（曲柄）的截面宽度尺寸，x_{12} 表示构件 1（曲柄）的截面高度尺寸，x_{13} 表示构件 1（曲柄）的长度尺寸；x_{21} 表示构件 2 连杆的截面宽度尺寸，x_{22} 表示构件 2 连杆的截面高度尺寸，x_{23} 表示构件 2 连杆的长度尺寸。$a=0$，b 为一足够大的数，本例 b=0.5m，材料强度变异系数 $v_{R_j}=0.05$，构件截面尺寸变异系数 $v_{x_{ji}}=0.002$。

根据等可靠度分配原则，将机构可靠性进行分配，得到各个构件的可靠度和可靠性指标分别为 $P_1(t)=P_2(t)=(P(t))^{\frac{1}{2}}=\sqrt{0.9975}\approx 0.9987$。但是，根据前章例题的分析可知，构件 1 和构件 2 的可靠度最小值不在同一位置出现：在构件 1 的可靠度最小时，构件 2 的可靠度为 1；构件 2 的可靠度最小时，构件 1 的可靠度为 1。因此，可以确定构件 1 和构件 2 的可靠性指标分别为 $\beta_1=\beta_2=2.805$。

当曲柄以角速度 ω_1=10s^{-1} 逆时针匀速转动时，在各个时间点对构件 1 和构件 2 分别用一次二阶矩法，经 MATLAB 优化工具箱进行优化求解，得到各个对应时间点上构件 1 和构件 2 的一系列优化解。将这些优化解进行比较，分别得到曲柄 1 和连杆 2 满足可靠度要求和质量最小的截面尺寸一系列最优解的最大值，这两个最大值即曲柄 1 和连杆 2 截面尺寸的全局最优解。同理，可以求得 ω_1=30s^{-1}、ω_1=32s^{-1} 时曲柄 1 和连杆 2 截面尺寸的最优解如表 2.2 所示，表中 x_{11} 为曲柄截面宽，x_{12} 为曲柄截面高，x_{21} 为连杆截面宽，x_{22} 为连杆截面高。

表 2.2　曲柄不同角速度时一次二阶矩法求得的设计变量最优解

曲柄角速度 ω_1/s^{-1}	x_{11}/mm	x_{12}/mm	x_{21}/mm	x_{22}/mm
10	13.6	22.1	13.7	22.1
30	17.8	28.8	18.7	30.2
32	19.5	31.6	21.3	34.4

2. 蒙特卡罗法

按照上一节机构可靠性优化设计蒙特卡罗法的步骤，给定设计变量初始值均为 0.001m，构件可靠度为 0.9975，其他条件见本章例题。曲柄不同角速度时，曲柄 1 和连杆 2 截面尺寸最优解见表 2.3。表中各量的意义见表 2.2。

表 2.3　曲柄不同角速度时蒙特卡罗法 1000 次抽样各构件设计变量最优解

曲柄角速度 ω_1/s^{-1}	x_{11}/mm	x_{12}/mm	x_{21}/mm	x_{22}/mm
10	13	21	11.7	19
30	18.5	30	18.5	30
32	19.8	32	21	34

本例中，可以根据工艺需要对数据进行修正，如果以最优解修正值作为构件的实际截面尺寸，则机构系统各构件既满足可靠度要求，又使得系统的质量最小，同时兼顾了工程实际中的工艺问题，达到了减小质量、节约材料、降低费用的目的。

3　机械系统可靠性分析的极值响应面法

　　柔性机构可靠性分析研究目前出现的方法主要有数值模拟法、响应面法（response surface method，RSM）、神经网络法、神经网络法与蒙特卡罗法相结合的方法以及神经网络与响应面相结合的方法。随着抽样数量的增加，蒙特卡罗法的可靠度精度不断提高，当抽样数量达到一定规模时，蒙特卡罗法计算的可靠度值可以作为精确值来衡量其他方法的计算精度，上述其他几种方法对于可靠性分析的计算效率都有不同程度的提高。但是这些方法不是为了进行机构动态可靠性优化设计提出的，所以基本上无法应用于机构的可靠性优化设计，或者用于机构动态可靠性优化设计时计算效率太低而无法应用。为此，本章提出可靠性分析极值响应面法（extremum response surface method，ERSM）和两步极值响应面法（two-step extremum response surface method，TSERSM）。由于极值响应面法和两步极值响应面法都要用到蒙特卡罗法、响应面法和一次二阶矩法，所以在论述极值响应面法和两步极值响应面法之前先介绍蒙特卡罗法和响应面法，然后介绍一次二阶矩法。

3.1　蒙特卡罗法

　　蒙特卡罗法也称随机模拟方法或统计试验方法，是通过随机抽样的手段来解决未知极限状态方程的情况下进行可靠性分析的一种主要方法。它是最简单、最直观的随机模拟方法。该方法源于美国在第二次世界大战期间研制核武器的计划，其奠基人是数学家冯·诺伊曼（J. von Neumann）[7]。蒙特卡罗法可以追溯到更早的时期。1777 年，法国布本（Buffon）提出用投针实验的方法求圆周率 π。这被认为是蒙特卡罗法的萌芽，是一种以概率统计理论为指导的非常重要的数值计算方法。

　　MCM 的理论基础是概率论中的切比雪夫定理和伯努利定理。

　　切比雪夫定理：设 $x_1, x_2, \cdots, x_n$ 是同一个概率空间的 n 个独立的随机变量，且具有有限的数学期望 μ 和方差 σ^2，则对于任意 $\varepsilon > 0$ 有[1]

$$\lim_{n \to \infty} P\left\{\left|\frac{1}{n}\sum_{i=1}^{n} x_i - \mu\right| < \varepsilon\right\} = 1 \tag{3.1}$$

即：当 n 足够大时，随机变量的平均值 $\frac{1}{n}\sum_{i=1}^{n} x_i$ 以概率为 1 收敛于期望值 μ。

伯努利原理：若随机事件 A 发生的概率为 $P(A)$，在 n 次独立试验中，事件 A 发生的频数为 n_A，则对于任意 $\varepsilon > 0$ 有[1]

$$\lim_{n\to\infty} P\left\{\left|\frac{n_A}{n} - P(A)\right| < \varepsilon\right\} = 1 \tag{3.2}$$

即：当 n 足够大时，频率 $\dfrac{n_A}{n}$ 以概率为 1 收敛于 $P(A)^0$。

MCM 根据这两个定理进行大量抽样，求得系统的失效概率或可靠度。

设随机变量 $X = (x_1 \quad x_2 \quad \cdots \quad x_n)$ 的联合概率密度为 $f(X)$，则失效概率 P_f 为

$$P_f = \int_D \cdots \int f(X)\mathrm{d}X \tag{3.3}$$

式中，D 为失效域。如果随机模拟样本点的总数为 n，落入失效域 D 的样本点数量为 n_f，将 n_f 与 n 的比值作为失效概率 P_f 的无偏估计 $\hat{P}_f$ 为[1]

$$\hat{P}_f = \frac{n_f}{n} \tag{3.4}$$

$$E\left(\hat{P}_f\right) = P_f \tag{3.5}$$

$$D\left(\hat{P}_f\right) = \frac{P_f\left(1 - P_f\right)}{n} \approx \frac{\hat{P}_f\left(1 - \hat{P}_f\right)}{n} \tag{3.6}$$

MCM 适用于各种分布的抽样统计，在实际中，运用 MCM 无须知道随机变量的分布类型，甚至不用知道随机变量的数据特征（概率参数）。在用计算机模拟时，通常要知道随机变量的分布类型和数据特征，然后用计算机产生符合分布规律和数据特征的伪随机数来代替随机数，进行计算分析。

运用 MCM 求解柔性机构动态可靠性问题主要分为三个步骤[1]。

（1）描述、构造或者确定随机变量的分布类型和数字特征。

（2）按照随机变量的分布类型和数字特征用计算机抽取随机样本，然后进行数字分析计算，得出输出响应。

（3）对于所有样本的响应（反应），统计分析模拟试验结果，求解随机变量的均值和方差等，给出问题的估计以及精度估计。

对于解析法难以处理的分布，用模拟法来求解更显出其优点。随着模拟次数的增加，模拟结果的精度也随之提高。但是，当失效概率 P_f 非常小时，需要模拟很多次才可能出现 1 次失效事件。因此，在失效概率非常小的情况下，由于所需的模拟次数 n 太大，模拟计算的时间太长、成本太高。因此一些学者进行了改进，或者将 MCM 作为其他方法的辅助方法使用[1]。

柔性机构系统为动态随机系统，利用直接抽样的 MCM 求解柔性机构动态可

靠性，需要从 $t_0 = 0$ 时刻开始，在整个运动时域[0, T]内对柔性机构的随机过程进行模拟。通常情况下，要想得到足够的分析计算精度，在求解柔性机构动力学方程时，时间步长 Δt 应该很小，因此，在整个运动循环周期内求解柔性机构动力学微分方程的次数非常多。一次抽样仿真的计算量就不短，又由于柔性机构的高可靠性要求，失效概率 P_f 很小，因此，抽样次数太多将导致直接抽样的 MCM 计算成本很高，有时时间的消耗甚至令人无法承受。而且柔性机构动态可靠性分析的 MCM 无法应用于柔性机构动态可靠性优化设计。因此，需要对 MCM 进行改进，提高 MCM 的效率，使其便于应用于柔性机构动态可靠性优化设计[1]。

3.2 响 应 面 法

响应面法也称代理模型法，其基本原理是功能函数的重构。它忽略了系统内部原有的复杂关系，只用响应面函数来模拟系统的输入输出关系。具体方法是假设一个极限状态变量（或者输出响应）与基本变量之间的简单解析表达式（响应面），为了保证响应面函数能够在失效概率（或输出响应）上收敛于真实的隐式极限状态函数的失效概率（或输出响应），要通过一系列确定性实验，合理地选取实验点和迭代策略，从而确定表达式中的未知系数，最终获得确定的解析表达式。在得到响应函数的具体表达式以后，可以利用蒙特卡罗法通过响应面函数进行可靠性分析，也可以用一次二阶矩法或者改进的一次二阶矩法求解重构响应面的可靠度指标，进行可靠性分析。

响应面模型主要有二次响应面模型、泰勒级数模型、人工神经网络模型、克里金（Kriging）模型等。其中应用较多的是二次响应面模型。响应面法分为两类，一类是局部响应面法，另一类是全局响应面法。

局部响应面法在可靠性分析中，主要通过迭代的方式逼近极限状态曲面"设计验算点"附近的部分。很多隐式极限状态问题可以通过这种方法得到有效解决，但它本身存在着一些难以克服的缺陷，例如，无法对误差作出估计，对非线性较强的问题精度不高，分析结果对某些参数的设置十分敏感，有时迭代无法收敛等[8]。

全局响应面法通过合理地选取插值数学模型及其各项系数，能以足够高的精度对任意连续函数进行逼近，提高了分析结果的可靠性，拓宽了方法的适用范围。全局响应面法计算量小、计算结果的精度高[8]。

目前应用最广泛的响应面法是 Bucher 和 Bourgund 提出的、经过 Rajashekhar 和 Ellingwood 自适应迭代后被推广的经典响应面法[9]。该方法应用的是不含（或者包含）交叉项的二次多项式。其主要工作包括：选择响应面函数的形式、抽取实验样本点的方式、响应面函数的拟合方法。

设系统的基本随机变量 $X = (x_1 \quad x_2 \cdots x_n)$，其隐式状态函数为 $g(X)$，则经典响应面法的主要步骤如下[10]。

步骤 1　选择二次多项式作为响应面函数。

包含交叉项的二次多项式：

$$\tilde{y} = a_0 + \sum_{j=1}^{n} a_j x_j + \sum_{i=1}^{n} \sum_{j=i}^{n} a_{ij} x_i x_j \tag{3.7}$$

式中，x_i 为基本随机变量；a_0 为响应面函数的常数项；a_j 为响应面函数的一次项系数；a_{ij} 为响应面函数的二次项系数。

为了减少求解未知系数的计算量，在工程中，常用的是不含交叉项的二次多项式：

$$\hat{g}(X) = a_0 + \sum_{i=1}^{n} b_i x_i + \sum_{i=1}^{n} c_i x_i^2 \tag{3.8}$$

式中，x_i 为基本随机变量；a_0 为响应面函数的常数项；b_i 为响应面函数的一次项系数；c_i 为响应面函数的二次项系数；常数项、一次项系数和二次项系数共 $2n+1$ 个；n 为随机变量的数量。

其矩阵形式为

$$\hat{g}(X) = a_0 + BX + X^{\mathrm{T}} C X \tag{3.9}$$

式中，a_0 为常数；B 为一次项系数向量；C 为二次项系数矩阵。

步骤 2　利用插值技术抽取样本点进行迭代[11]。

以均值点为中心，在 $(\mu_x - f\sigma_x, \mu_x + f\sigma_x)$ 区间内选取 $2n+1$ 个样本点，将这些样本点的值代入式（3.8）或者式（3.9）中，得到 $2n+1$ 个方程组成的方程组，从而解出 $2n+1$ 个待定系数。

以第 k 次迭代为例，在第 k 次迭代中，以 $X_M^{(k)} = (x_{M1}^{(k)} \quad x_{M2}^{(k)} \quad \cdots \quad x_{Mn}^{(k)})$ 为中心，选取如下样本点：

$$X_1^{(k)} = X_M^{(k)} = (x_{M1}^{(k)} \quad x_{M2}^{(k)} \quad \cdots \quad x_{Mn}^{(k)}) \tag{3.10}$$

$$X_i^{(k)} = (x_{M1}^{(k)} \quad x_{M2}^{(k)} \quad \cdots \quad x_{Mi}^{(k)} + f\sigma_i \quad \cdots \quad x_{Mn}^{(k)}), \, i=1,2,\cdots,n; j=i+1 \tag{3.11}$$

$$X_j^{(k)} = (x_{M1}^{(k)} \quad x_{M2}^{(k)} \quad \cdots \quad x_{Mi}^{(k)} - f\sigma_i \quad \cdots \quad x_{Mn}^{(k)}), \, i=1,2,\cdots,n; j=n+i+1 \tag{3.12}$$

f 为插值系数，通常取 1、2 或者 3，$f^{(k)} = (f^{(k-1)})^{0.5}$ 的第一次抽样点选在均值点，$\mu_x = (\mu_{x1}, \mu_{x2}, \cdots, \mu_{xn})^{\mathrm{T}}$，第 $k+1$ 次迭代中心是在第 k 次迭代中心点

$(X_M^{(k)}, g(X_M^{(k)}))$ 和验算点 $(X^{*(k)}, g(X^{*(k)}))$ 之间进行线性插值，得到第 $k+1$ 次中心点 $X^{(k+1)}$：

$$X_M^{(k+1)} = X_M^{(k)} + \left(X^{*(k+1)} - X_M^{(k)}\right) \frac{g\left(X_M^{(k)}\right)}{g\left(X_M^{(k)}\right) - g\left(X_M^{*(k)}\right)} \tag{3.13}$$

步骤 3　响应面函数未知系数求解。

目前确定响应面函数系数常用的方法有最小二乘法、加权最小二乘法和直接求解系数法（响应面函数未知系数与实验点数相同时）[11]。

（1）最小二乘法求解响应面函数系数的基本原理是使得响应面函数 $\hat{g}(X_j)$ 与真实极限状态函数曲面 $g(X_j)$ 在各个样本点处差的平方最小，即

$$\Delta g = \min \sum_{j=1}^{n} \left(\hat{g}(X_j) - g(X_j)\right)^2 \tag{3.14}$$

（2）加权最小二乘法确定响应面函数系数的基本思想是通过赋给 $|g(X_j)|$ 较小的试验样本点 X_j 在回归分析中较大的权数，可以使得 $|g(X_j)|$ 较小的点在确定 $\hat{g}(X_j)$ 时起更重要的作用，从而使得 $\hat{g}(X_j)$ 更好地接近 $g(X_j)$。

（3）如果试验样本点数与响应面函数的未知系数个数相同，则可以直接解出未知系数。这需要 $g(X)$ 的非线性程度不高才可以，否则精度会比较低。

步骤 4　在响应面函数系数确定以后，用一次二阶矩法或者改进的一次二阶矩法求响应面函数 $\hat{g}(X)$ 的设计点 $(X^{*(k)}, g(X^{*(k)}))$ 和可靠度指标 β [1]，有时也可以继续用 MCM 计算可靠度。

步骤 5　迭代精度判断。

得到新的中心点后，重新对随机变量进行抽样，求解新的响应面及设计验算点和可靠度指标。在每次迭代完成后，采用第 k 次和第 $k+1$ 次迭代后的可靠度指标之差来判定可靠度指标的精度是否满足要求，即在新的中心点处，响应面的可靠度指标与上次迭代得到的可靠度指标之差的绝对值小于给定（要求）的精度 $\varepsilon > 0$ [1]：

$$\Delta = \left|\beta^{(k)} - \beta^{(k+1)}\right| < \varepsilon \tag{3.15}$$

式中，ε 为设定的可靠度指标的精度；k 为迭代次数。当第 k 次迭代得到的可靠度指标满足精度要求后，可以近似地认为新的设计验算点 $X_M^{(k+1)}$ 在极限状态曲面上，即 $X^* \approx X_M^{(k+1)}$。用新的中心点处得到响应面的可靠度指标 $\beta^{(k+1)}$ 近似代替未知的极限状态方程的可靠度指标 β 从而求出可靠度 R [1]：

$$\begin{cases} \beta \approx \beta^{(k+1)} \\ R = \Phi\left(\beta^{(k+1)}\right) \end{cases} \tag{3.16}$$

利用二次多项式构造响应面法的优点是容易建模、收敛性好、计算效率高，对于多数工程问题，均能取得比较满意的效果。但是也存在着不足和缺点，例如，随着随机变量个数的增加，为了确定响应面函数的系数，需要抽取样本点的个数成倍增加；以二次多项式为响应面函数的响应面法计算可靠性指标和失效概率时，对抽样方式十分敏感，可能会由于抽样点的参数发生的微小变动而产生很大的、无法估计的波动，甚至不收敛。因此在选择样本点时，应该加以挑选[11]。另外，在极限状态方程比较复杂、非线性程度较高的情况下，往往不能有效地逼近真实曲面，影响了响应面的精度。因此，响应面法在计算精度上和计算效率上还有待于进一步提高，许多学者在这方面进行了探讨并对经典响应面进行了改进，产生了多种改进方法，包括多响应面法、序列响应面法、变 f 序列响应面法、逐步回归响应面法、基于正交多项式的响应面法、基于人工神经网络的响应面法移动最小二乘（moving least square）法[1]等。由于本章的后续内容只应用了经典响应面法，所以只对该方法进行了简单的介绍。

3.3 一次二阶矩法

一次二阶矩法是可靠性功能函数存在显式时，计算系统可靠性的方法。基本思路是应用泰勒公式将功能函数在均值点处展开成泰勒级数，利用基本随机变量的一阶矩和二阶矩（均值和方差）信息，求解系统的可靠性指标，从而得到失效概率或者可靠度[11]。

在可靠性功能函数无法表示为显式，或者没有可靠性功能函数的情况下，可以利用响应面法将系统的输出响应或者可靠性功能函数表示为显式，然后再用一次二阶矩法进行可靠性分析和可靠性优化设计。

该系统的可靠性功能函数为[11]

$$Z = g(X) = g(x_1 \quad x_2 \quad \cdots \quad x_n) \tag{3.17}$$

式中，$X = (x_1 \quad x_2 \quad \cdots \quad x_n)$ 为随机变量向量；n 为随机变量的个数。

将功能函数 $g(X)$ 在各个随机变量的特定点（一般为均值点 μ_x）处按照泰勒公式展开，保留一阶和二阶部分[11]：

$$Z = g(X) = g(x_1 \quad x_2 \quad \cdots \quad x_n) \approx g(\mu_{x_1} \quad \mu_{x_2} \quad \cdots \quad \mu_{x_n}) + \sum_{i=1}^{n} \left(\frac{\partial g}{\partial x_i} \right)_{\mu_x} \left(x_i - \mu_{x_i} \right) \tag{3.18}$$

式中，$\sum\limits_{i=1}^{n} \left(\dfrac{\partial g}{\partial x_i} \right)_{\mu_x}$ 表示功能函数的导数在均值点 μ_x 处的函数值。

根据概率知识，功能函数 $Z = g(X)$ 的均值和方差分别为[11]

$$\mu_g \approx g(\mu_{x_1} \quad \mu_{x_2} \quad \cdots \quad \mu_{x_n}) \tag{3.19}$$

$$\sigma_g^2 = \sum_{i=1}^n \left(\frac{\partial g}{\partial x_i}\right)_{\mu_x}^2 \sigma_{x_i}^2 + \sum_{i=1}^n \sum_{j=1, j \neq i}^n \left(\frac{\partial g}{\partial x_i}\right)_{\mu_x} \left(\frac{\partial g}{\partial x_j}\right)_{\mu_x} \mathrm{Cov}(x_i, x_j) \tag{3.20}$$

式中，μ_g 为功能函数的均值；σ_g^2 为功能函数的方差；$\mathrm{Cov}(x_i, x_j)$ 为随机变量 x_i 和 x_j 的协方差。

可靠性指标 β 定义为[11]

$$\beta = \frac{\mu_g}{\sigma_g} = \frac{g(\mu_{x_1} \quad \mu_{x_2} \quad \cdots \quad \mu_{x_n})}{\sqrt{\sum_{i=1}^n \left(\frac{\partial g}{\partial x_i}\right)_{\mu_x}^2 \sigma_{x_i}^2 + \sum_{i=1}^n \sum_{j=1}^n \left(\frac{\partial g}{\partial x_i}\right)_{\mu_x} \left(\frac{\partial g}{\partial x_j}\right)_{\mu_x} \mathrm{Cov}(x_i, x_j)}} \tag{3.21}$$

如果随机变量之间相互独立，则功能函数的方差简化为[1]

$$\sigma_g^2 = \sum_{i=1}^n \left(\frac{\partial g}{\partial x_i}\right)_{\mu_x}^2 \sigma_{x_i}^2 \tag{3.22}$$

如果随机变量之间相互独立，则可靠性指标 β 为[1]

$$\beta = \frac{g(\mu_{x_1} \quad \mu_{x_2} \quad \cdots \quad \infty \quad \mu_{x_n})}{\sqrt{\sum_{i=1}^n \left(\frac{\partial g}{\partial x_i}\right)_{\mu_x}^2 \sigma_{x_i}^2}} \tag{3.23}$$

失效概率 P_f 为[1]

$$P_f = \Phi(-\beta) \tag{3.24}$$

一次二阶矩法依赖于特定展开点的选择，对于同一问题由于所取的极限状态方程不同，求得的可靠性指标 β 有一定的差别。

3.4 极值响应面法

由于机构可靠性分析的极限状态方程不能表示为显式函数，因此，目前机构可靠性分析只能用数值模拟法或者代理模型法。机构可靠性属于动态可靠性问题，由于机构参数的随机性和机构的运动性，机构的可靠性问题是一个随机过程问题，因此，用常规的数值模拟法进行机构动态可靠性分析计算量极大，而且如果将数值模拟法应用于机构动态可靠性优化设计，其计算量更大，在实际工程上进行应用是不可能的；目前的代理模型法主要是响应面法及其改进方法，虽然对计算效率有所提高，但是都是局部代理模型法，应用于机构动态可靠性优化设计计算效率还很低，而且只能用一维搜索法进行优化，对于多变量、多目标的优化问题显得无能为力。因此，本节提出可靠性分析的极值响应面法。

3.4.1　极值响应面法的基本原理

极值响应面法的基本原理[12]是建立形如式（3.9）所示的二次响应面函数，用蒙特卡罗法小批量抽取输入参数随机样本，对每个抽样样本在分析时域[0,T]内求解系统动力学方程，得到系统在分析时域[0,T]内的动态输出响应，将在分析时域[0,T]内，每个时间点上，每组输入参数随机样本对应的输出响应（称为极值输出响应），构造分析时域[0,T]内反映输入参数与极值输出之间关系的函数（称为极值响应面函数），选取 $2n+1$（n 为随机变量数）组输入随机变量及对应的输出极值响应数据，代入极值响应函数，确定极值响应面函数的系数，再利用极值响应面函数计算系统的可靠度。然后进行大量抽样，将抽样数据代入极值响应面函数，计算系统的动态极值输出响应，从而求得系统的可靠度，这种方法称为蒙特卡罗-极值响应面法；或者对极值响应面函数应用一次二阶矩法计算系统的可靠度，这种方法称为一次二阶矩-极值响应面法。用极值响应面法进行系统的可靠性分析，不计算系统每一时刻的输出响应，只计算分析时域[0,T]内不同输入随机变量对应的输出响应的极值，从而进行系统的可靠性计算。更重要的是极值响应面法可以应用于系统的可靠性优化设计。极值响应面法的流程如图 3.1 所示。

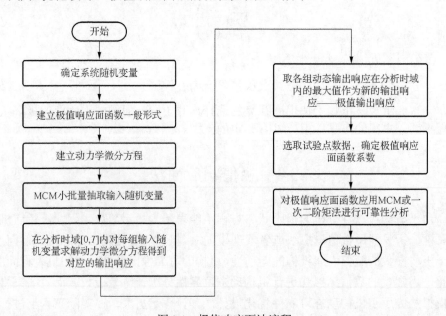

图 3.1　极值响应面法流程

可以看出，对于一般非线性系统是用的极值响应面法，将原来非线性复杂系统可靠性分析的随机过程问题转化为随机变量问题，极大地减少了计算时间、提高了计算效率，使得以前一些不可能实现的可靠性分析问题成为可能。

3.4.2 极值响应面法的数学模型

如图 3.2 所示，设系统中某构件第 j 组输入样本为 $X^{(j)}$，在时域[0, T]内的输出响应为 $y^{(j)}(t, X^{(j)})$，该响应在时域[0, T]内的最大值为 $y_{\max}^{(j)}(X^{(j)})$。将不同输入样本在运动时域[0,T]内输出响应的最大值 $y_{\max}^{(j)}(X^{(j)})$ 构成的集合 $\{y_{\max}^{(j)}(X^{(j)}): j \in Z_+\}$ 的全部数值点拟合的曲线作为新的输出响应曲线 y，并称为极值响应曲线（面），则 $X^{(j)}$ 与 y 的函数关系可以表示为

$$y = f(X) = \{y_{\max}^{(j)}(X^{(j)}): j \in Z_+\} \tag{3.25}$$

式中，Z_+ 为正整数集。将式（3.25）写成响应面函数形式：

$$y = a_0 + BX + X^{\mathrm{T}}CX \tag{3.26}$$

这种函数关系称为极值响应面函数。由极值响应面函数确定的反应输入输出关系的曲线称为极值响应曲线。其中 a_0 为常数，B 为一次项系数向量，C 为二次项系数矩阵。

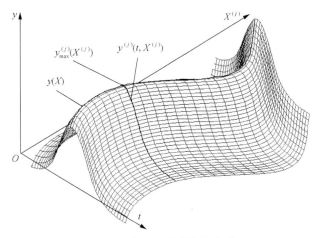

图 3.2 极值响应面法的基本原理

式（3.26）中，

$$C = \begin{pmatrix} c_1 & 0 & 0 & \cdots & 0 \\ 0 & c_2 & 0 & \cdots & 0 \\ 0 & 0 & c_3 & \cdots & 0 \\ \vdots & \vdots & \vdots & & \vdots \\ 0 & 0 & 0 & \cdots & c_k \end{pmatrix} \tag{3.27}$$

$$B = \begin{pmatrix} b_1 & b_2 & \cdots & b_k \end{pmatrix} \tag{3.28}$$

$$X^{(j)} = \begin{pmatrix} x_1^{(j)} & x_2^{(j)} & \cdots & x_k^{(j)} \end{pmatrix}^{\mathrm{T}} \tag{3.29}$$

式中，$j=1,2,\cdots,m$，m 为样本点数；k 为输入随机变量数。

　　在求解极值响应面函数系数时，在极值输出响应中选取足够数量的试验点，将试验点的数据代入式（3.26），确定极值响应面函数的系数 a_0、B、C，得到极值响应面函数的确切表达式，再由 MCM 进行大样本抽样，然后用该极值响应面函数借助于 MCM 进行相应的最大输出响应分析、可靠性分析，或者用一次二阶矩法进行可靠性分析，这种方法称为极值响应面法。极值响应面法属于全局响应面法。

　　如果构件的标号用 i 表示，则构件 i 的输出极值响应面函数由式（3.26）演化为

$$y_i^{(j)} = a_{0i} + B_i X_i^{(j)} + X_i^{(j)\mathrm{T}} C_i X_i^{(j)} \tag{3.30}$$

式中，$y_i^{(j)}$ 为构件 i 的输出极值响应；a_{0i} 为构件 i 极值响应面函数的常数项；B_i 为构件 i 极值响应面函数的一次项系数向量；$X_i^{(j)}$ 为构件 i 输入随机向量；C_i 为构件 i 极值响应面函数的二次项系数向量；$i=1,2,\cdots,N$，N 为系统构件数。

3.5　两步极值响应面法

　　两步极值响应面法的响应面模型、基本原理与极值响应面法完全相同，只是在求解响应面函数系数时，在极值响应曲线（面）y 中找出最大值和最小值。将找出的最大值和最小值作为新的样本点的一部分来确定极值响应面函数式（3.26）的系数 a_0、B、C，得到极值响应面函数的确切表达式，称为两步极值响应面函数表达式，再由 MCM 进行大样本抽样，然后用该两步极值响应面函数进行相应的可靠性分析，或者用一次二阶矩法进行可靠性分析。由于在此过程中使用了不同输入样本对应的输出响应的极值点的集合拟合的曲线作为输出极值响应面函数曲线，以及在求解极值响应面函数系数时使用了输出响应极值点的集合中的极值点（最大值和最小值）作为样本点，因此将这种方法称为两步极值响应面法。两步极值响应面法在不降低计算效率的情况下可以提高计算精度。两步极值响应面法属于全局响应面法，流程如图 3.3 所示。

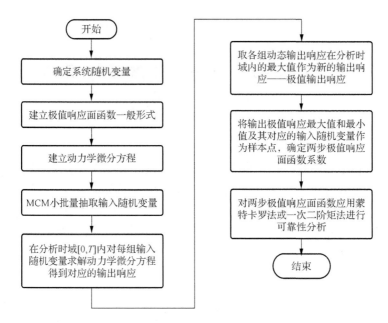

图 3.3 两步极值响应面法流程

4 基于极值响应面法的柔性机构动态可靠性分析

当机构的运动速度太高、构件变形太大，在进行机构分析时必须考虑构件整体运动与变形运动相互耦合，这样的机构称为柔性机构。

柔性机构的动力学方程组为二阶微分代数混合方程组，具有严重非线性、强耦合以及时变等特点，其可靠性分析极限状态方程也无法表示为具体的解析形式，无法得到解析解，因此，柔性机构的动态可靠性计算只能用数值法求解。蒙特卡罗法是最简单、最直观的随机模拟方法，随着模拟次数的增加，结果的精度也随之提高。但是，由于每次抽样都需要用数值法求解二阶微分代数混合方程组，因此当抽样模拟次数太多时，计算过程将耗时过长，在很多情况下是无法忍受的。

本章将响应面法与蒙特卡罗法相结合，提出了柔性机构动态可靠性分析的极值响应面法和两步极值响应面法，并将其应用于双连杆柔性机械臂可靠性分析。极值响应面法、两步极值响应面法避免了单纯蒙特卡罗法每次抽样都必须求解二阶非线性微分代数混合方程组而带来的无法忍受的繁重计算，这两种方法计算精度比响应面法高，计算速度比蒙特卡罗法快千万倍。其中，两步极值响应面法精度更高。更重要的是极值响应面法和两步极值响应面法可以应用于柔性机构动态可靠性优化设计。

4.1 柔性机构动力学方程

柔性机构系统相当于柔性多体系统，因此，其柔性构件的描述、运动分析、动力分析都可以参照柔性多体系统动力学方法进行。

4.1.1 柔性体的描述

1. 平面柔性体上任一点的位置描述

如图 4.1 所示，柔性体上任一点的位置向量为

$$r_{p^i} = R_{O^i} + A^i u^i = R_{O^i} + A^i \left(u_O^i + u_f^i \right) \tag{4.1}$$

式中，R_{O^i} 为动坐标系 $O^i x^i y^i z^i$ 原点 O^i 在惯性坐标系中的位置向量；u^i 为 P^i 点相对于动坐标系的位置向量；A^i 为旋转变换矩阵：

$$A^i = \begin{pmatrix} \cos\theta^i & -\sin\theta^i \\ \sin\theta^i & \cos\theta^i \end{pmatrix} \tag{4.2}$$

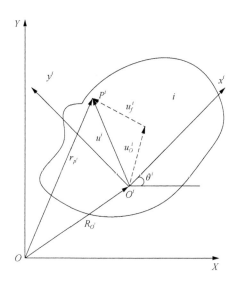

图 4.1 平面柔性体上任意一点的位置描述

将式（4.1）中的 u_f^i 用模态函数矩阵和模态坐标表示：

$$u_f^i = \Phi_f^i q_f^i \tag{4.3}$$

式中，Φ_f^i 为相对于动坐标系的里茨基函数矩阵（在有限元中为形函数矩阵，在模态分析中为模态向量矩阵）；q_f^i 为对应于弹性变形的广义坐标向量（在有限元中为结点位移向量，在模态分析中为模态坐标向量）。如果相对于动坐标系的模态函数矩阵用 Φ_f^i 表示：

$$\Phi_f^i = \begin{pmatrix} \varphi_{f1}^i & \varphi_{f2}^i & \cdots & \varphi_{fs}^i \end{pmatrix} \tag{4.4}$$

则柔性体相对于动坐标系原点的矢径可以表示为

$$u^i = u_O^i + \Phi_f^i q_f^i \tag{4.5}$$

式中，

$$q_f^i = \begin{pmatrix} q_1^i & q_2^i & \cdots & q_s^i \end{pmatrix} \tag{4.6}$$

其中，s 表示保留模态的阶数。

将式（4.3）代入式（4.1），得到点 P^i 相对于惯性坐标系的矢径 r_{p^i}：

$$r_{p^i} = R_{O^i} + A^i u^i = R_{O^i} + A^i \left(u_O^i + \Phi_f^i q_f^i \right) \tag{4.7}$$

为了缩减求解规模，一般情况下只需保留有限阶模态。

2. 空间柔性体上任一点的位置描述

如图 4.2 所示，柔性体上任一点的位置向量为

$$r_{p^i} = R_{O^i} + A^i u^i = R_{O^i} + A^i \left(u_O^i + u_f^i \right) \tag{4.8}$$

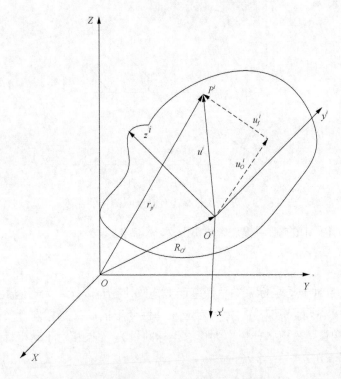

图 4.2　空间柔性体上任意一点的位置描述

式中，R_{O^i} 为动坐标系 $O^i x^i y^i z^i$ 原点 O^i 在惯性坐标系中的位置向量；A^i 为旋转变换矩阵；u^i 为 P^i 点相对于动坐标系的位置向量，它是未变形时的位置向量 u_O^i 与变形引起的位置向量 u_f^i 的叠加。相对变形向量 u_f^i 可以用不同方法离散化，将 u_f^i 用模态函数矩阵和模态坐标表示：

$$u_f^i = \Phi^i q_f^i \tag{4.9}$$

其中，Φ^i 为相对于惯性坐标系满足里茨基向量要求的变形模态函数矩阵；q_f^i 为（广义）模态坐标。

4.1.2 柔性体的运动

1. 平面柔性体上任一点的速度

柔性体 i 上任意一点 P^i 的速度向量可以由位移对时间求导得到，即

$$\dot{r}_{p^i} = \dot{R}_{O^i} + \dot{A}^i u^i + A^i \dot{u}^i \tag{4.10}$$

由于 u_O^i 是柔性体未变形时 P^i 相对于 O^i 点位矢在动坐标系中的列阵，是常量，因此 $\dot{u}_O^i = 0$，$\dot{u}^i = \dot{u}_f^i$。将式中的 u_f^i 用模态函数矩阵和模态坐标 $u_f^i = \Phi_f^i q_f^i$ 表示，则式（4.10）变为

$$\dot{r}_{p^i} = \dot{R}_{O^i} + \dot{A}^i u^i + A^i \Phi_f^i \dot{q}_f^i \tag{4.11}$$

$$\dot{A}^i = \begin{pmatrix} -\sin\theta^i & -\cos\theta^i \\ \cos\theta^i & -\sin\theta^i \end{pmatrix} \dot{\theta}^i = A_{\theta^i} \dot{\theta}^i \tag{4.12}$$

式中，

$$A_{\theta^i} = \frac{\partial A^i}{\partial \theta^i} = \begin{pmatrix} -\sin\theta^i & -\cos\theta^i \\ \cos\theta^i & -\sin\theta^i \end{pmatrix}$$

2. 空间柔性体上任一点的速度

将 P^i 点的位移对时间求导得到 P^i 点的速度，即

$$\dot{r}_{p^i} = \dot{R}_{O^i} + \dot{A}^i u^i + A^i \dot{u}^i = \dot{R}_{O^i} + \dot{A}^i u^i + A^i \Phi \dot{q}_f \tag{4.13}$$

3. 平面柔性体上任意一点的加速度

将式（4.13）对时间求导，得到 P^i 点的加速度向量：

$$\ddot{r}_{p^i} = \ddot{R}_{O^i} + \ddot{A}^i u^i + 2\dot{A}^i \dot{u}^i + A^i \ddot{u}^i \tag{4.14}$$

式中，

$$\ddot{A}^i = \frac{\mathrm{d}}{\mathrm{d}t}(A_{\theta^i} \dot{\theta}^i) = \dot{A}_{\theta^i} \dot{\theta}^i + A_{\theta^i} \ddot{\theta}^i = -A^i \dot{\theta}^{i2} + A_{\theta^i} \ddot{\theta}^i$$

$$\ddot{r}_{p^i} = \ddot{R}_{O^i} + A_{\theta^i} u^i \ddot{\theta}^i + A^i \ddot{u}^i + 2\dot{A}^i \dot{u}^i - A^i u^i \dot{\theta}^{i2} \tag{4.15}$$

$$\ddot{r}_{p^i} = \ddot{R}_{O^i} + A^i \ddot{u}_f^i + A_{\theta^i} u^i \varepsilon - A^i u^i \omega^2 + 2\dot{A}^i \dot{u}_f^i \tag{4.16}$$

其中，ω 为柔性体的角速度；ε 为柔性体的角加速度。

于是，P^i 点的加速度也可以表示为

$$\ddot{r}_{p^i} = a_e + a_{er} + a_{en} + a_r + a_c \tag{4.17}$$

式中，$a_e = \ddot{R}_{O^i}$ 为 P^i 点的牵连移动加速度；$a_{er} = A^i \ddot{u}^i_f$ 为 P^i 点的牵连转动切向加速度；$a_{en} = A_{\theta^i} u^i \varepsilon$ 为 P^i 点的牵连转动法向加速度；$a_r = A^i u^i \omega^2$ 为 P^i 点的相对变形加速度；$a_c = 2\dot{A}^i \dot{u}^i_f$ 为 P^i 点的科里奥利加速度。式（4.13）也可以表示为

$$\ddot{r}_{p^i} = \ddot{R}_{O^i} + \varepsilon \times \left(A^i u^i \right) + \omega \times \left(\omega \times A^i u^i \right) + A^i \ddot{u}^i + 2\omega \times \left(A^i \dot{u}^i \right) \tag{4.18}$$

4. 空间柔性体上任一点的加速度

对 P^i 点速度求导得到 P^i 点的加速度：

$$\ddot{r}_{p^i} = \ddot{R}_{O^i} + \ddot{A}^i u^i + 2\dot{A}^i \dot{u}^i + \dot{A}^i \ddot{u}^i \tag{4.19}$$

或者表示为

$$\ddot{r}_{p^i} = \ddot{R}_{O^i} + \omega \times \left(\omega \times u^i \right) + \varepsilon \times u^i + 2\omega \times \left(A^i \dot{u}^i \right) + A^i \ddot{u}^i \tag{4.20}$$

式（4.20）中第一项为动参考系原点 O^i 的加速度，第二项是动参考系上 P^i 点相对于动坐标系原点 O^i 的法向加速度，第三项是动参考系上 P^i 点相对于原点 O^i 的切向加速度，第四项是 P^i 点的科里奥利加速度，第五项是 P^i 点的变形加速度。

在空间柔性体描述、运动学和动力学方程中：

$$A^i = \begin{pmatrix} \cos\psi^i \cos\varphi^i - \cos\theta^i \sin\varphi^i \sin\psi^i & -\sin\psi^i \cos\varphi^i - \cos\theta^i \sin\varphi^i \cos\psi^i & -\sin\theta^i \sin\varphi^i \\ \cos\psi^i \sin\varphi^i + \cos\theta^i \cos\varphi^i \sin\psi^i & -\sin\psi^i \sin\varphi^i + \cos\theta^i \cos\varphi^i \cos\psi^i & \sin\theta^i \cos\varphi^i \\ \sin\theta^i \sin\psi^i & \sin\theta^i \cos\psi^i & \cos\theta^i \end{pmatrix}$$

$$\tag{4.21}$$

式中，$\dot{A}^i$ 为 A^i 的一阶导数；$\ddot{A}^i$ 为 A^i 的二阶导数；ψ^i 为柔性体 i 的进动角，θ^i 为柔性体 i 的章动角，φ^i 为柔性体 i 的自转角，这三项统称为柔性体 i 的欧拉角，如图 4.3 所示，①、②、③表示坐标轴转动的顺序。

同平面问题一样，可以将 u^i_f 用模态函数矩阵 Φ^i 和模态坐标 q^i_f 表示，因此柔性体的位形就可以由动坐标系的笛卡儿坐标 (x, y, z) 和模态坐标 q^i_f 来描述。

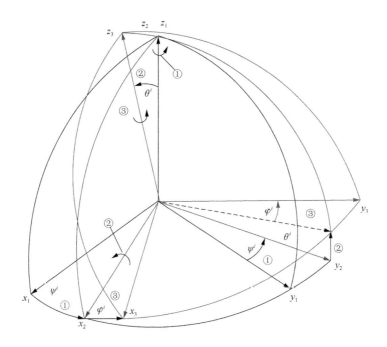

图 4.3　惯性坐标系的笛卡儿坐标和欧拉角

4.1.3　柔性机构动力学方程

1. 平面自由柔性体拉格朗日形式的动力学方程

柔性多体系统中，柔性体构件在运动过程中经历着大的刚性整体运动（移动和转动），同时又有变形运动，而且这两种运动相互耦合，除了那些只与选定的与变形模式有关的量不随时间变化外，包括惯性张量等在内的其他各量都是随物体的变形而变化的，它们都是时间的函数。

平面自由柔性体的拉格朗日矩阵形式的动力学方程为

$$\frac{\mathrm{d}}{\mathrm{d}t}\left(\frac{\partial E_v}{\partial \dot{q}}\right) - \frac{\partial E_v}{\partial q} = Q \tag{4.22}$$

式中，

$$Q = -Kq + Q_F \tag{4.23}$$

其中，Q_F 为作用在柔性体上，除了变形引起的弹性力以外的全部主动力对应的广义力；Kq 为弹性力对应的广义力；E_v 为柔性体的动能：

$$E_v = \frac{1}{2}\int_V \rho \dot{r}_{p^i}^{\mathrm{T}} \dot{r}_{p^i} \mathrm{I} \mathrm{d}V = \frac{1}{2}\dot{q}^{\mathrm{T}} M \dot{q}$$

这里，$\dot{q} = \dot{R}_{O^i}^{\mathrm{T}} \dot{\theta}^i \dot{q}_f^{i\,\mathrm{T}}$。经推导，柔性体的拉格朗日形式的动力学微分方程为

$$M\ddot{q} + \dot{M}\dot{q} - \frac{\partial}{\partial q}\left(\frac{1}{2}\dot{q}^{\mathrm{T}}M\dot{q}\right) + Kq = Q_F \quad (4.24)$$

式中，M 为质量矩阵；q 为广义坐标；K 为刚度矩阵。

令

$$Q_v = -\dot{M}\dot{q} + \frac{\partial}{\partial q}\left(\frac{1}{2}\dot{q}^{\mathrm{T}}M\dot{q}\right) \quad (4.25)$$

则式（4.22）可以写成

$$M\ddot{q} + Kq = Q_F + Q_v \quad (4.26)$$

式中，Q_v 为与速度二次项有关的广义力。将式（4.26）写成分块形式：

$$\begin{pmatrix} m_{RR} & m_{R\theta} & m_{Rf} \\ & m_{\theta\theta} & m_{\theta f} \\ \text{对称} & & m_{ff} \end{pmatrix} \begin{pmatrix} \ddot{R}_{O^i} \\ \ddot{\theta} \\ \ddot{q}_f \end{pmatrix} + \begin{pmatrix} 0 & 0 & 0 \\ 0 & 0 & 0 \\ 0 & 0 & K_{ff} \end{pmatrix} \begin{pmatrix} R_{O^i} \\ \theta \\ q_f \end{pmatrix} = \begin{pmatrix} Q_R \\ Q_\theta \\ Q_f \end{pmatrix} + \begin{pmatrix} Q_{vR} \\ Q_{v\theta} \\ Q_{vf} \end{pmatrix} \quad (4.27)$$

柔性体做平面任意运动时，质量矩阵一般情况下是满阵，式（4.27）中，质量矩阵的子矩阵分别为

$$m_{RR} = \int_V \rho I \mathrm{d}V = \begin{pmatrix} m & 0 \\ 0 & m \end{pmatrix} \quad (4.28)$$

$$m_{R\theta} = \int_V \rho B \mathrm{d}V = A_\theta \left(I_1 + S q_f \right) \quad (4.29)$$

式中，I_1 为物体未变形时对动坐标系原点的一次矩，即

$$I_1 = \int_V \rho u_O^i \mathrm{d}V \quad (4.30)$$

当动坐标系原点选在质心时：

$$I_1 = 0$$

$$S = \int_V \rho \Phi \mathrm{d}V \quad (4.31)$$

$$m_{Rf} = \int_V \rho A \Phi \mathrm{d}V = AS \quad (4.32)$$

$$m_{\theta\theta} = \int_V \rho B^{\mathrm{T}} \Phi B \mathrm{d}V = \int_V \rho (u^i)^{\mathrm{T}} A_\theta^{\mathrm{T}} A_\theta u^i \mathrm{d}V = \int_V \rho (u^i)^{\mathrm{T}} u^i \mathrm{d}V$$

$$= \int_V \rho (u_O^i + u_f^i)^{\mathrm{T}} (u_O^i + u_f^i) \mathrm{d}V = (m_{\theta\theta})_{RR} + (m_{\theta\theta})_{Rf} + (m_{\theta\theta})_{ff} \quad (4.33)$$

式中，

$$(m_{\theta\theta})_{RR} = \int_V \rho (u_O^i)^{\mathrm{T}} (u_O^i) \mathrm{d}V = \int_V \rho (x^2 + y^2) \mathrm{d}V \quad (4.34)$$

$$(m_{\theta\theta})_{Rf} = 2\int_V \rho(u_O^i)^\mathrm{T} u_f^i \mathrm{d}V = 2\left[\int_V \rho(u_O^i)^\mathrm{T} \Phi \mathrm{d}V\right]q_f \tag{4.35}$$

$$\begin{aligned}(m_{\theta\theta})_{ff} &= \int_V \rho(u_O^i)^\mathrm{T} u_f^i \mathrm{d}V = \int_V \rho q_f^{\mathrm{T}} \Phi^\mathrm{T}\Phi q_f \mathrm{d}V \\ &= q_f^{\mathrm{T}} m_{ff} q_f\end{aligned} \tag{4.36}$$

$$\begin{aligned}m_{\theta f} &= \int_V \rho B^\mathrm{T} A\Phi \mathrm{d}V = \int_V \rho(u^i)^\mathrm{T} A_\theta^\mathrm{T}\Phi \mathrm{d}V \\ &= \int_V \rho(u_O^i)^\mathrm{T} \tilde{I}\Phi \mathrm{d}V + q_f^\mathrm{T}\int_V \rho\Phi^\mathrm{T}\tilde{I}\Phi \mathrm{d}V\end{aligned} \tag{4.37}$$

当物体为刚体时，质量矩阵 $M = \begin{pmatrix} m_{RR} & m_{R\theta} \\ m_{\theta R} & m_{\theta\theta} \end{pmatrix}$。

2. 柔性多体系统平面运动的动力学控制方程

（1）任一受约束柔性体平面运动的拉格朗日形式的动力学方程：

$$M^i\ddot{q}^i + K^i q^i + (C_q^i)^\mathrm{T}\lambda = Q_F^i + Q_v^i \tag{4.38}$$

式中，C_q 为约束 $C(q,t)=0$ 的雅可比矩阵；λ 为拉格朗日乘子向量。

（2）柔性多体系统平面运动的动力学控制方程。

将柔性多体系统中单一柔性体动力学方程的对应矩阵组装起来，并加以相应的约束方程，得到用拉格朗日乘子法建立起来的柔性多体系统平面运动的动力学控制方程：

$$M\ddot{q} + Kq + C_q^\mathrm{T}\lambda = Q_F + Q_v \tag{4.39}$$

以及系统的约束方程：

$$C(q,t)=0 \tag{4.40}$$

式中，M 为系统的质量矩阵；K 为刚度矩阵；C_q 为约束的雅可比矩阵；Q_F 为广义主动力向量；Q_v 为与速度二次项有关的广义力向量。它们的具体表达式为

$$M = \begin{pmatrix} M^1 & & & & & \\ & M^2 & & & & \\ & & \ddots & & & \\ & & & M^i & & \\ & & & & \ddots & \\ & & & & & M_b^n \end{pmatrix} \tag{4.41}$$

$$K = \begin{pmatrix} K^1 & & & & & \\ & K^2 & & & & \\ & & \ddots & & & \\ & & & K^i & & \\ & & & & \ddots & \\ & & & & & K_b^n \end{pmatrix} \tag{4.42}$$

$$C_q^{\mathrm{T}} = \begin{pmatrix} C_{q^1}^{\mathrm{T}} & C_{q^2}^{\mathrm{T}} & \cdots & C_{q^i}^{\mathrm{T}} & \cdots & C_{q^{n_b}}^{\mathrm{T}} \end{pmatrix}^{\mathrm{T}} \tag{4.43}$$

$$Q_F = \begin{pmatrix} Q_F^1 & Q_F^2 & \cdots & Q_F^i & \cdots & Q_F^{n_b} \end{pmatrix}^{\mathrm{T}} \tag{4.44}$$

$$Q_F = \begin{pmatrix} Q_v^1 & Q_v^2 & \cdots & Q_v^i & \cdots & Q_v^{n_b} \end{pmatrix}^{\mathrm{T}} \tag{4.45}$$

式中，λ 为拉格朗日乘子向量，$\lambda = \begin{pmatrix} \lambda_1 & \lambda_2 & \cdots & \lambda_{h1} \end{pmatrix}^{\mathrm{T}}$，其维数 h_1 等于约束方程的个数；n_b 为系统中物体的个数；q 为系统的广义坐标向量。

（3）柔性多体系统空间运动动力学控制方程。

任一受约束柔性体空间运动动力学控制方程以及柔性多体系统空间运动动力学控制方程与对应的做平面运动柔性体的动力学方程形式完全相同，只是相应量为空间量[13]。

4.2　柔性机构动态可靠性分析模型的建立与求解

柔性机构动态可靠性分析的主要内容包括柔性机构动态刚度可靠性分析、动态强度可靠性分析和动态性能可靠性分析。要进行上述可靠性分析，首先要进行柔性构件的动态应力分析和动态变形分析[12]。本节只进行柔性机构动态刚度可靠性分析和柔性机构动态强度可靠性分析。

4.2.1　柔性机构动态刚度可靠性分析模型

1. 柔性机构构件动态变形分析模型

由多柔体系统动力学可知，在 t 时刻，柔性机构中构件 i 上任一点在动坐标系中的横坐标为 x_i，纵坐标（弹性变形）为 $y_i(t, x_i)$。纵坐标 $y_i(t, x_i)$ 采用模态综合法表示[13]：

$$y_i(t, x_i) = \sum_{j=1}^{d} u_{i_j}(t) \varphi_j(x_i) \tag{4.46}$$

式中，$i=1,2,\cdots,n$，为机构构件数；$u_{ij}(t)$ 为构件 i 的第 J 个弹性坐标；$\varphi_j(x)=\sin(J\pi x/l)$ 为模态形函数，一般采用模态截断法，取前两阶模态，即式（4.46）中 $d=2$。

2. 柔性机构动态刚度可靠性分析模型

如前所述，设构件 i 中点在 t 时刻的变形为 $y_i(t,x_i)$，许用变形为 R_{yi}，则该构件的刚度可靠度为

$$P_{yi}(t) = P\{R_{yi} - y_i(t,x_i) > 0\} \tag{4.47}$$

如果按照等可靠性原则（视具体情况而定），整个系统的刚度可靠度为[1]

$$P_y(t) = \prod_{i=1}^{n} P_{yi}(t), \quad i=1,2,\cdots,n \tag{4.48}$$

4.2.2 柔性机构动态刚度可靠性分析模型的求解

1. 基于极值响应面的蒙特卡罗法

基于极值响应面的蒙特卡罗法求解是首先建立反应构件输入输出关系的刚度极值响应面函数，然后采用蒙特卡罗法产生输入随机变量，用极值响应面函数计算构件中点变形的极值输出响应，并依次与构件的许用变形比较，从而确定构件刚度可靠度。

首先，在分析时域内建立构件 i 中点最大变形用极值响应面函数，并确定极值响应面函数系数，即

$$y_i^{(j)}\left(X_i\right) = a_{0i} + B_i X_i^{(j)} + \left(X_i^{(j)}\right)^{\mathrm{T}} C_i X_i^{(j)} \tag{4.49}$$

或者写成另一种形式：

$$y_i^{(j)}\left(X_i\right) = a_{0i} + \sum_{h=1}^{k} b_{ih} x_{ih}^{(j)} + \sum_{h=1}^{k} c_{ih}(x_{ih}^{(j)})^2 \tag{4.50}$$

式（4.50）中，

$$C_i = \begin{pmatrix} c_{i1} & 0 & 0 & \cdots & 0 \\ 0 & c_{i2} & 0 & \cdots & 0 \\ 0 & 0 & c_{i3} & \cdots & 0 \\ \vdots & \vdots & \vdots & & \vdots \\ 0 & 0 & 0 & \cdots & c_{ik} \end{pmatrix} \tag{4.51}$$

$$B_i = \begin{pmatrix} b_{i1} & b_{i2} & \cdots & b_{ik} \end{pmatrix} \tag{4.52}$$

$$X_i^{(j)} = \begin{pmatrix} x_{i1}^{(j)} & x_{i2}^{(j)} & \cdots & x_{ik}^{(j)} \end{pmatrix}^{\mathrm{T}} \tag{4.53}$$

式（4.51）～式（4.53）中，$j=1, 2, \cdots, H$，H 为求解极值响应面函数系数的样本点数；$i =1, 2, \cdots, n$，n 为机构构件数；$h =1, 2, \cdots, k$，k 为随机变量数；$y_i^{(j)}$ 为第 j 次抽样得到的构件 i 中点最大变形；$X_i^{(j)}$ 为构件 i 第 j 次抽样的随机向量；a_{0i} 为构件 i 极值响应面函数常数项；B_i 为构件 i 极值响应面函数一次项系数向量；C_i 为构件 i 极值响应面函数二次项系数矩阵。

在求解极值响应面函数系数时，先用 MCM 小批量抽样，对每组抽样样本在时域[0,T]内用数值法求解柔性机构的动力学微分方程式（4.24），从中得到每个构件中点在运动时域[0,T]内与各组输入样本对应的变形输出响应，并取其极值点，选取足够样本点数代入式（4.49）或式（4.50）确定极值响应面函数的系数 a_{0i}、B_i、C_i，得到极值响应面函数的确切表达式：

$$y_i(X_i) = a_{0i} + B_i X_i + X_i^{\mathrm{T}} C_i X_i \tag{4.54}$$

或者

$$y_i(X_i) = a_{0i} + \sum_{h=1}^{k} b_{ik} x_{ik} + \sum_{h=1}^{k} c_{ik} x_{ik}^2 \tag{4.55}$$

式中，X_i 包括随机设计变量和已知随机向量，i 表示构件 i。

在得到构件中点最大变形的极值响应面函数之后，用蒙特卡罗法进行大批量抽样计算构件刚度可靠度。

2. 基于两步极值响应面的蒙特卡罗法

基于两步极值响应面的蒙特卡罗法与基于极值响应面的蒙特卡罗法类似，只是在求解极值响应面函数系数时，将小批量抽样得到的输出极值响应的最大值和最小值作为样本点的一部分来确定极值响应面函数的未知系数。

3. 基于极值响应面的一次二阶矩法

基于极值响应面的一次二阶矩法是在求得构件中点变形最大值极值响应面函数的基础上进行的。对式（4.54）或式（4.55）用一次二阶矩法，求得构件 i 中点变形的极值响应 y_i 的均值 μ_{y_i} 和方差 $\sigma_{y_i}^2$：

$$\mu_{y_i} = a_{0i} + \sum_{h=1}^{k} b_{ih}\mu_{x_{ih}} + \sum_{h=1}^{k} c_{ih}\mu_{x_{ih}}^2 \tag{4.56}$$

$$\sigma_{y_i}^2 = \sum_{h=1}^{k}\left(\left(\frac{\partial y_i}{\partial x_{ik}}\right)_{x_{ik}=\mu_{x_{ik}}}\right)^2 D(x_{ik}) = \sum_{h=1}^{k}\left(\left(\frac{\partial y_i}{\partial x_{ik}}\right)_{x_{ik}=\mu_{x_{ik}}}\right)^2 \sigma_{x_{ik}}^2 \tag{4.57}$$

$$\sigma_{y_i}^2 \approx \sum_{h=1}^{k}\left(b_{ik} + 2c_{ik}\mu_{x_{ik}}\right)^2 \sigma_{x_{ik}}^2 \tag{4.58}$$

代入可靠性指标计算公式，得到构件 i 的可靠度：

$$\beta_i = \frac{\mu_{R_i} - \mu_{y_i}}{\sqrt{\sigma_{R_i}^2 + \sigma_{y_i}^2}} \tag{4.59}$$

$$P_{y_i} = \Phi\left(\beta_i\right) \tag{4.60}$$

在各构件的刚度可靠度求得以后，代入式（4.48）计算机构整体可靠度。基于极值响应面的一次二阶矩法求解柔性机构刚度可靠度流程如图4.4所示。

4. 基于两步极值响应面的一次二阶矩法

基于两步极值响应面的一次二阶矩法与基于极值响应面的一次二阶矩法的原理完全相同，只是在求解极值响应面函数系数时，将小批量抽样得到的输出极值响应的最大值和最小值作为样本点的一部分来确定极值响应面函数的未知系数，从而使得计算精度更高。

4.2.3　柔性机构动态强度可靠性分析模型

1. 柔性机构动态应力模型

根据柔性机构动力方程求得位移响应、速度响应和加速度响应之后，可以得到各点的横向弹性位移 $y_i(t,x_i)$，即挠度（变形）。在任意时刻，$y_i(t,x_i)$ 沿着 x_i 方向在 l_i 中点处变形最大。根据 $y_i(t,x_i)$ 的最大值，求得构件对应点的曲率半径 $r_i(t,x_i)$，再根据构件横截面尺寸和材料的弹性模量 E_i 可以求得任意时刻构件对应点的最大弯应力。

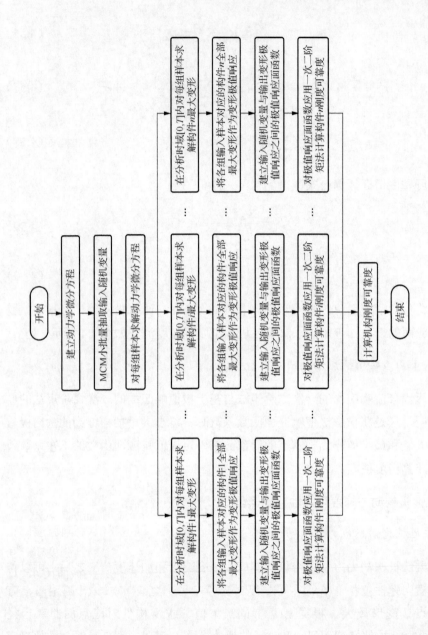

图 4.4　基于极值响应面的一次二阶矩法求解柔性机构刚度可靠度流程

构件各点任意时刻的变形的曲率半径 $r_i(t, x_i)$ 的倒数为

$$\frac{1}{r_i(t, x_i)} = \pm \frac{\dfrac{\mathrm{d}^2 y_i(t, x_i)}{\mathrm{d}x_i^2}}{\left(1 + \left(\dfrac{\mathrm{d}y_i(t, x_i)}{\mathrm{d}x_i}\right)^2\right)^{\frac{3}{2}}}, \quad i = 1, 2, \cdots, n \tag{4.61}$$

对应点的应力为（忽略拉压力应力）

$$S_i(t) = -\frac{E_i h_i}{2 r_i(t, x_i)}, \quad i = 1, 2, \cdots, n \tag{4.62}$$

2. 柔性机构动态强度可靠性分析模型

设构件 i 截面高度尺寸 h、宽度 b（截面为矩形时）、材料弹性模量 E_i、材料密度 ρ_i、强度 $R_i(t)$ 等为随机变量，服从正态分布，且相互独立，则构件 i 在 t 时刻的可靠度为

$$P_{si}(t) = P\{Z_i(t) > 0\}, \quad i = 1, 2, \cdots, n \tag{4.63}$$

式中，$Z_i(t) = R_i(t) - S_i(t)$。

柔性机构是串联系统，则整个系统的强度可靠度为[1]

$$P_s(t) = \prod_{i=1}^{n} P_i(t), \quad i = 1, 2, \cdots, n \tag{4.64}$$

4.2.4　柔性机构动态强度可靠性分析模型的求解

1. 基于极值响应面的蒙特卡罗法

基于极值响应面的蒙特卡罗法求解是首先建立反应构件输入输出关系的强度极值响应面函数，然后采用蒙特卡罗法产生输入随机变量，用极值响应面函数计算构件中点应力的极值输出响应，并依次与构件的许用应力比较，从而确定构件强度可靠度。

首先，在分析时域内建立构件 i 中点最大应力用极值响应面函数，并确定极值响应面函数系数，即

$$S_i^{(j)}\left(X_i\right) = a_{S0i} + B_{Si} X_i^{(j)} + \left(X_i^{(j)}\right)^{\mathrm{T}} C_{Si} X_i^{(j)} \tag{4.65}$$

或者写成另一种形式：

$$S_i^{(j)}\left(X_i\right) = a_{S0i} + \sum_{h=1}^{k} b_{Sih} x_{ih}^{(j)} + \sum_{h=1}^{k} c_{Sih}\left(x_{ih}^{(j)}\right)^2 \tag{4.66}$$

式（4.66）中，

$$C_{Si} = \begin{pmatrix} c_{Si1} & 0 & 0 & \cdots & 0 \\ 0 & c_{Si2} & 0 & \cdots & 0 \\ 0 & 0 & c_{Si3} & \cdots & 0 \\ \vdots & \vdots & \vdots & & \vdots \\ 0 & 0 & 0 & \cdots & c_{Sik} \end{pmatrix} \tag{4.67}$$

$$B_{Si} = \begin{pmatrix} b_{Si1} & b_{Si2} & \cdots & b_{Sik} \end{pmatrix} \tag{4.68}$$

$$X_i^{(j)} = \begin{pmatrix} x_{i1}^{(j)} & x_{i2}^{(j)} & \cdots & x_{ik}^{(j)} \end{pmatrix}^{\mathrm{T}} \tag{4.69}$$

$j=1, 2, \cdots, H$，H 为样本点数；$i=1, 2, \cdots, n$，n 为机构构件数；$h=1, 2, \cdots, k$，k 为输入随机变量数；$S_i^{(j)}$ 为第 j 次抽样得到的构件 i 中点最大应力；$X_i^{(j)}$ 为第 j 次抽样得到的构件 i 的随机向量；a_{S0i} 为构件 i 中点压力极值响应面函数常数项；b_{Sih} 为构件 i 中点应力极值响应面函数一次项系数；c_{Sih} 为构件 i 中点应力极值响应面函数二次项系数；x_{ik} 为构件 i 中点应力极值响应面函数的随机变量；B_{Si} 为构件 i 极值响应面函数一次项系数向量；C_{Si} 为构件 i 极值响应面函数二次项系数矩阵。

在求解极值响应面函数系数时，先用 MCM 小批量抽样，对每组样本在时域 $[0,T]$ 内用数值法求解动力学微分方程式（4.24）以及式（4.46），得到构件中点的弹性变形响应，再由式（4.61）和式（4.62）得到构件中点在运动时域 $[0,T]$ 内与各组输入样本对应的应力输出响应，并取其极值，选取足够样本点数，由式（4.65）或者式（4.66）确定极值响应面函数常数项 a_{S0i} 以及一次项系数向量 B_{Si} 和二次项系数矩阵 C_{Si}，得到极值响应面函数的确切表达式：

$$S_i = a_{S0i} + B_{Si}X_i + X_i^{\mathrm{T}}C_{Si}X_i \tag{4.70}$$

或者

$$S_i(X_i) = a_{S0i} + \sum_{h=1}^{k} b_{ih}x_{ih} + \sum_{h=1}^{k} c_{ih}x_{ih}^2 \tag{4.71}$$

式中，X_i 为包括随机设计变量和已知随机向量，i 表示构件 i。

在得到构件中点最大应力的极值响应面函数之后，用蒙特卡罗法进行大批量抽样计算构件强度可靠度。

2. 基于两步极值响应面的蒙特卡罗法

基于两步极值响应面的蒙特卡罗法与基于极值响应面的蒙特卡罗法类似，只是在求解极值响应面函数系数时，将小批量抽样得到的输出极值响应的最大值和最小值及其对应的输入随机变量作为样本点的一部分来确定极值响应面函数的未知系数。

3. 基于极值响应面的一次二阶矩法

基于极值响应面的一次二阶矩法是在求得构件极值响应面函数的基础上进行的。之后，对式（4.70）或式（4.71）用一次二阶矩法求得构件 i 中点应力极值响应 S_i 的均值 μ_{S_i} 和方差 $\sigma_{S_i}^2$：

$$\mu_{S_i} = a_{S0i} + \sum_{h=1}^{k} b_{Sih}\mu_{x_{ih}} + \sum_{h=1}^{k} c_{Sih}\mu_{x_{ih}}^2 \tag{4.72}$$

$$\sigma_{S_i}^2 = \sum_{h=1}^{k}\left(\left(\frac{\partial S_i}{\partial x_{ih}}\right)_{x_{ih}=\mu_{x_{ih}}}\right)^2 D(x_{ih}) = \sum_{h=1}^{k}\left(\left(\frac{\partial S_i}{\partial x_i}\right)_{x_{ih}=\mu_{x_{ih}}}\right)^2 \sigma_{x_{ih}}^2 \tag{4.73}$$

$$\sigma_{S_i}^2 \approx \sum_{i=1}^{n}\left(b_{Sih} + 2c_{Sih}\mu_{x_{ih}}\right)^2 \sigma_{x_{ih}}^2 \tag{4.74}$$

将求得的 μ_{S_i} 和 $\sigma_{S_i}^2$ 代入可靠性指标计算公式，得到构件 i 的强度可靠度指标及可靠度：

$$\beta = \frac{\mu_{R_i(t)} - \mu_{S_i(t)}}{\sqrt{\sigma_{R_i(t)}^2 + \sigma_{S_i(t)}^2}} \tag{4.75}$$

$$P_{S_i} = \Phi\left(\beta_{S_i}\right) \tag{4.76}$$

然后代入式（4.64）计算机构整体强度可靠度。求解流程如图 4.5 所示。

4. 基于两步极值响应面的一次二阶矩法

基于两步极值响应面的一次二阶矩法与基于极值响应面的一次二阶矩法的原理完全相同，只是在求解极值响应面函数系数时，将小批量抽样得到的应力输出极值响应的最大值和最小值及其对应的输入随机变量作为样本点的一部分来确定极值响应面函数的未知系数，从而使得计算精度更高。

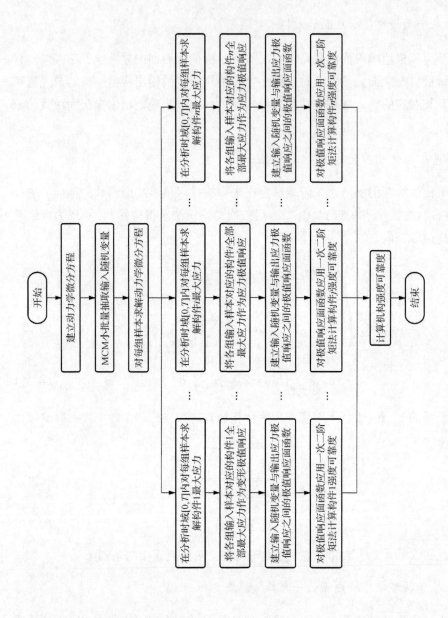

图 4.5　基于极值响应面的一次二阶矩法求解柔性机构强度可靠度流程

4.3 算　　例

4.3.1 已知条件

如图 4.6 所示双连杆柔性机械臂中，构件 1 端点上集中质量 m_1=5.5kg，长度 l_1=0.75m，截面高度 h_1，截面宽度 b_1，驱动力矩 $\tau_1(t)=(215\sin^3(2\pi t)-62)\mathrm{N\cdot m}$；构件 2 端点上集中质量 m_2=2.75kg，长度 l_2=0.75m，截面高度 h_1，截面宽度 b_1，驱动力矩 $\tau_2(t)=(75\sin^3(2\pi t)+15)\mathrm{N\cdot m}$；材料参数信息如表 4.1 所示，机械臂截面尺寸信息如表 4.2[13]。求柔性机械臂的强度可靠度和刚度可靠度。由于相对于长度均值而言，长度方差很小，所以本例将长度视为确定量处理[12]。

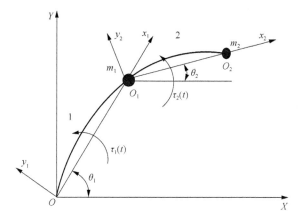

图 4.6　双连杆柔性机械臂

表 4.1　构件材料参数信息及许用变形设定

变量	密度 $\rho/(\mathrm{kg/m^3})$	强度 R/MPa	许用变形 R_y/m	弹性模量 $E/(\mathrm{N/m^2})$
均值	2067	258	0.018	4.0875×10^9
标准差	10	12.9	0.00036	2.0438×10^8

表 4.2　构件截面尺寸信息

变量	构件 1		构件 2	
	h_1/mm	b_1/mm	h_2/mm	b_2/mm
均值	60	15	40	10
标准差	0.0400	0.0100	0.0267	0.0067

4.3.2 求解

1. 动力学方程

双两杆柔性机械臂的简化模型如图 4.6 所示。一般情况下，设柔性机械臂的两构件为均质欧拉梁，关节及臂端负载为集中质量 m_1、m_2；不考虑电机转子的转动惯量和电机的阻尼。在此基础上对每个连杆建立一个动坐标系，描述连杆在动坐标系中的运动如图 4.6 所示。构件 1 由 x_1-y_1 坐标系描述，构件 2 由 x_2-y_2 坐标系描述，y_1 和 y_2 分别表示构件 1 和构件 2 的弹性变形；动坐标系的运动由两动坐标系的方位角 $\theta_1(t)$、$\theta_2(t)$ 描述。显然，构件在动坐标系中的相对运动是弹性变形运动，幅值很小，而构件在固定坐标系 X-Y 中的运动（动坐标系的方位角）变化范围较大；两构件均采用简支梁模态，连杆相对于动坐标系的弹性变形运动分析采用模态综合法，相应的模态形函数为[13]

$$\varphi_J(x) = \sin(J\pi x / l) \tag{4.77}$$

采用模态截断法，取每个构件的前两阶模态[13]：

$$\begin{cases} \varphi_1(x) = \sin(\pi x / l) \\ \varphi_2(x) = \sin(2\pi x / l) \end{cases} \tag{4.78}$$

在动坐标系中，构件 1 在 y_1 方向上的弹性变形为 $y_1(t, x_1)$，构件 2 在 y_2 方向上的弹性变形为 $y_2(t, x_2)$，可表示为[13]

$$\begin{cases} y_1(t, x_1) = \sum_{i=1}^{n} g_i(t)\varphi_i(x_1) \\ y_2(t, x_2) = \sum_{i=1}^{n} u_i(t)\varphi_i(x_2) \end{cases} \tag{4.79}$$

如果各构件质量分别为 M_1、M_2，广义坐标为

$$q(t) = [q_1 \quad q_2 \quad q_3 \quad q_4 \quad q_5 \quad q_6]^{\mathrm{T}} = [\theta_1(t) \quad g_1(t) \quad g_2(t) \quad \theta_2(t) \quad u_1(t) \quad u_2(t)]^{\mathrm{T}} \tag{4.80}$$

式中，$g_J(t)$ 是构件 1 第 J 个弹性坐标；$u_J(t)$ 是构件 2 的第 J 个弹性坐标；q_1、q_2、q_3、q_4、q_5、q_6 是时间的函数。

由拉格朗日方程写出柔性机械臂动力学方程[13]：

$$M\ddot{q} + \dot{M}\dot{q} - \frac{\partial}{\partial q}(\frac{1}{2}\dot{q}^{\mathrm{T}}M\dot{q}) + Kq + \frac{\partial U_g}{\partial q} = Q_k(t) \tag{4.81}$$

式中，U_g 是系统的重力势能，其表达式为[13]

$$U_g = (m_1 + m_2 + \frac{1}{2}M_1 + M_2)gl_1\sin\theta_1 + (m_2 + \frac{1}{2}M_2)gl_2\sin\theta_2$$
$$+ \frac{M_1}{l_1}g\cos\theta_1\int_0^{l_1}y_1\mathrm{d}x_1 + \frac{M_2}{l_2}g\cos\theta_2\int_0^{l_2}y_2\mathrm{d}x_2 \tag{4.82}$$

$$\frac{\partial U_g}{\partial q} = \begin{pmatrix} (m_1 + m_2 + \frac{M_1}{2} + M_2)gl_1\cos(q_1) - 2\frac{M_1gq_2\sin q_1}{\pi} \\ 2\frac{M_1g\cos(q_1)}{\pi} \\ 0 \\ (m_2 + \frac{M_2}{2})gl_2\cos q_4 - 2\frac{M_2gq_5\sin q_4}{\pi} \\ 2\frac{M_2g\cos q_4}{\pi} \\ 0 \end{pmatrix} \tag{4.83}$$

M 是质量矩阵，其表达式为[13]

$$M = \begin{pmatrix} m_{11} & m_{12} & m_{13} & m_{14} & m_{15} & 0 \\ m_{21} & m_{22} & 0 & 0 & 0 & 0 \\ m_{31} & 0 & m_{33} & 0 & 0 & 0 \\ m_{41} & 0 & 0 & m_{44} & m_{45} & m_{46} \\ m_{51} & 0 & 0 & m_{54} & m_{55} & 0 \\ 0 & 0 & 0 & m_{64} & 0 & m_{66} \end{pmatrix} \tag{4.84}$$

$m_{11} = (m_1 + m_2 + \frac{1}{3}M_1 + M_2)l_1^2 + \frac{1}{2}M_1(q_2^2 + q_3^2)$；$m_{12} = m_{21} = \frac{M_1l_1}{\pi}$；$m_{13} = m_{31} = \frac{M_1l_1}{2\pi}$；

$m_{22} = m_{33} = \frac{M_1}{2}$；$m_{45} = m_{54} = \frac{M_2l_2}{\pi}$；$m_{46} = m_{64} = -\frac{M_2l_2}{2\pi}$；$m_{14} = m_{41} = (m_2 + \frac{M_2}{2})\cdot$

$l_1l_2\cos_1(q_1 - q_4) + 2\frac{M_2l_1}{\pi}q_5\sin(q_1 - q_4)$；$m_{55} = m_{66} = \frac{M_2}{2}$；$m_{15} = m_{51} = 2\frac{M_2l_1}{\pi}\cos(q_1 - $

$q_4)$；$m_{44} = (m_2 + \frac{M_2}{3})l_2^2 + \frac{M_2l_1}{2}(q_5^2 + q_6^2)$。

K 是刚度矩阵，其表达式为[13]

$$K = \begin{pmatrix} 0 & 0 & 0 & 0 & 0 & 0 \\ 0 & K_{22} & 0 & 0 & 0 & 0 \\ 0 & 0 & K_{33} & 0 & 0 & 0 \\ 0 & 0 & 0 & 0 & 0 & 0 \\ 0 & 0 & 0 & 0 & K_{55} & 0 \\ 0 & 0 & 0 & 0 & 0 & K_{66} \end{pmatrix} \tag{4.85}$$

$K_{22} = \dfrac{\pi^4}{2l_1^3} EI_1$，　$K_{33} = \dfrac{8\pi^4}{l_1^3} EI_1$，　$K_{55} = \dfrac{\pi^4}{2l_1^3} EI_2$，　$K_{66} = \dfrac{8\pi^4}{l_1^3} EI_2$。

$Q_k(t)$ 是用虚功求得的相应于驱动力矩的广义力，其表达式为[13]

$$Q_k(t) = \begin{pmatrix} Q_1(t) & Q_2(t) & Q_3(t) & Q_4(t) & Q_5(t) & Q_6(t) \end{pmatrix}^{\mathrm{T}} \tag{4.86}$$

$Q_1(t) = \tau_1(t) - \tau_2(t)$，$Q_2(t) = \dfrac{\pi}{l_1}\big(\tau_1(t) + \tau_2(t)\big)$，$Q_3(t) = \dfrac{2\pi}{l_1}\big(\tau_1(t) - \tau_2(t)\big)$，$Q_4(t) = \tau_2(t)$，

$Q_5(t) = \dfrac{\pi}{l_2}\tau_2(t)$，　$Q_6(t) = \dfrac{2\pi}{l_2}\tau_2(t)$。

　　在求解动力学微分方程时，设初始时刻两构件均处于水平位置，且变形为零。即 $t=0$ 时，　$q(0) = 0$，$\dot{q}(0) = 0$。

2. 输出响应的确定性分析

　　为了了解构件 1 中点和构件 2 中点的变形以及应力随时间变化情况，首先进行确定响应分析。在各量取均值时，求解动力学微分方程，从而求得各构件中点从 0s 到 1s 的动态应力和动态挠度（变形）变化曲线，如图 4.7、图 4.8 所示。

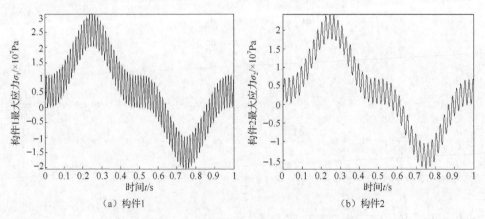

（a）构件1　　　　　　　　　　　　　　（b）构件2

图 4.7　输入随机变量取均值时各构件中点应力变化曲线

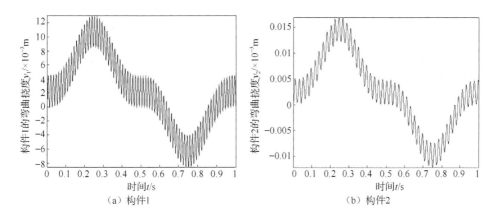

图 4.8　输入随机变量取均值时各构件中点变形变化曲线

3. 蒙特卡罗法可靠性分析

将柔性机械臂材料强度、弹性模量、密度、截面尺寸等作为随机变量，并设其符合正态分布，而且相互独立。用蒙特卡罗法抽样，得到柔性机械臂的随机输入参数，对每组抽样求解动力学微分方程，然后按照蒙特卡罗法进行构件及机构的动态强度可靠性分析和动态变形（刚度）可靠性分析。

由蒙特卡罗法求得的各构件和系统的动态强度可靠度如表 4.3 所示。许用变形均值为 0.018m、标准差为 0.00036 时的动态刚度可靠度如表 4.4 所示。从表中可以看出，刚度可靠性问题是柔性机械臂的主要问题。

表 4.3　用蒙特卡罗法求得的柔性机械臂强度可靠度

样本数	构件 1	构件 2	系统
100	1.000	1.000	1.000
1000	1.000	1.000	1.000

表 4.4　用蒙特卡罗法求得的柔性机械臂刚度可靠度

样本数	构件 1	构件 2	系统
100	1.000	0.9700	0.9700
1000	1.000	0.9520	0.9520

　　构件 1 和构件 2 中点变形输出随机响应最大值分布如图 4.9 所示。经验证，它们的中点变形响应最大值也分别服从正态分布，其均值分别为 μ_{y_1} =0.0145m、μ_{y_2} =0.0170m，标准差分别为 σ_{y_1} =0.000741m、σ_{y_2} =0.000803m。可以看出，当输入随机变量服从正态分布，而且相互独立时，构件中点变形输出响应最大值也服从正态分布。为了和其他方法的分析结果相比较，将构件中点变形输出响应最大值变化曲线列于图 4.10。

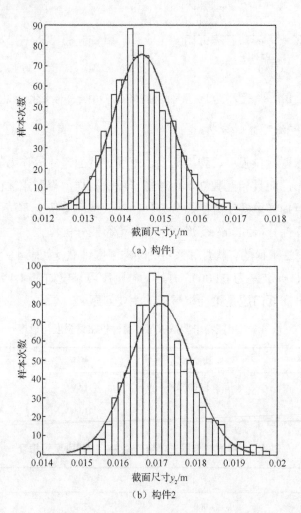

（a）构件1

（b）构件2

图 4.9　由蒙特卡罗法求得的各构件中点变形最大值分布图

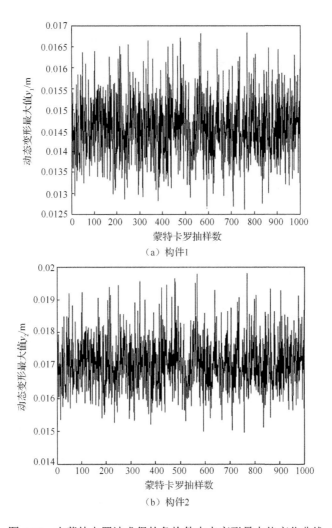

图 4.10 由蒙特卡罗法求得的各构件中点变形最大值变化曲线

4. 基于极值响应面的蒙特卡罗法可靠性分析

对于构件 i，构造极值响应面函数如下[1]：

$$y_i^{(j)} = a_{0i} + B_i X_i^{(j)} + X_i^{(j)\mathrm{T}} C_i X_i^{(j)} \tag{4.87}$$

式中，$X_i^{(j)}$ 输入参数第 j 次抽样随机向量；B_i 为一次项系数向量；C_i 为二次项系数矩阵；a_{0i} 为常数项；$y_i^{(j)}$ 为输出响应。系数 B_i、C_i 可以分别表示为

$$C_i = \begin{pmatrix} c_{i1} & 0 & 0 & \cdots & 0 \\ 0 & c_{i2} & 0 & \cdots & 0 \\ 0 & 0 & c_{i3} & \cdots & 0 \\ \vdots & \vdots & \vdots & & \vdots \\ 0 & 0 & 0 & \cdots & c_{ik} \end{pmatrix} \qquad (4.88)$$

$$B_i = \begin{pmatrix} b_{i1} & b_{i2} & \cdots & b_{ik} \end{pmatrix} \qquad (4.89)$$

$$X_i^{(j)} = \begin{pmatrix} x_{i1}^{(j)} & x_{i2}^{(j)} & \cdots & x_{ik}^{(j)} \end{pmatrix}^{\mathrm{T}} \qquad (4.90)$$

式中，$j=1,2,\cdots,H$，H 为样本点数；$i=1,2,\cdots,n$，n 为柔性机械臂构件数；k 为输入参数随机变量数。

对于本例，在式（4.88）～式（4.90）中 $n=2$、$H=9$、$k=4$，则式（4.90）变为

$$X_i^{(j)} = \begin{pmatrix} x_{i1}^{(j)} & x_{i2}^{(j)} & x_{i3}^{(j)} & x_{i4}^{(j)} \end{pmatrix}^{\mathrm{T}} = \begin{pmatrix} E_i^{(j)} & \rho_i^{(j)} & h_i^{(j)} & b_i^{(j)} \end{pmatrix}^{\mathrm{T}} \qquad (4.91)$$

式中，i 为构件数；j 为样本点数；$x_{i1}^{(j)} = E_i^{(j)}$；$x_{i2}^{(j)} = \rho_i^{(j)}$；$x_{i3}^{(j)} = h_i^{(j)}$；$x_{i4}^{(j)} = b_i^{(j)}$；$E_i^{(j)}$ 为构件 i 材料弹性模量的第 j 次抽样；$\rho_i^{(j)}$ 为构件 i 材料密度的第 j 次抽样；$h_i^{(j)}$ 为构件 i 截面高的第 j 次抽样；$b_i^{(j)}$ 为构件 i 截面宽的第 j 次抽样。

对于本例的两个构件，由蒙特卡罗法抽取的部分输入随机变量样本值和经求解动力学微分方程式（4.81）和弹性变形方程（4.79）算得的对应构件中点变形输出极值响应如表 4.5 和表 4.6 所示。将表 4.5 和表 4.6 中的 9 组数据，代入式（4.87）计算出极值响应面函数的系数 a_{0i}、b_{ik}、c_{ik}，如表 4.7 和表 4.8 所示。

表 4.5　构件 1 变形响应面函数系数求解样本

j	变量和响应				
	$E_1^{(j)}$ /GPa	$\rho_1^{(j)}$ / (kg/m^3)	$h_1^{(j)}$ /mm	$b_1^{(j)}$ /mm	$y_1^{(j)}$ /mm
1	3.9991	2062.7	59.983	14.996	14.795
2	3.7471	2050.3	59.933	14.983	15.884
3	4.1131	2068.3	60.005	15.001	14.371
4	4.1463	2069.9	60.012	15.003	14.249
5	3.8532	2055.5	59.954	14.989	15.406
6	4.3309	2078.9	60.048	15.012	13.593
7	4.3305	2078.9	60.048	15.012	13.594
8	4.0798	2066.6	59.998	15.000	14.493
9	4.1544	2070.3	60.013	15.003	14.220

表 4.6　构件 2 变形响应面函数系数求解样本

j	变量和响应				
	$E_2^{(j)}$ /GPa	$\rho_2^{(j)}$ / (kg/m³)	$h_2^{(j)}$ /mm	$b_2^{(j)}$ /mm	$y_2^{(j)}$ /mm
1	3.9991	2062.7	39.988	9.997	17.247
2	3.7471	2050.3	39.956	9.989	18.562
3	4.1131	2068.3	40.003	10.001	16.831
4	4.1463	2069.9	40.008	10.002	16.711
5	3.8532	2055.5	39.969	9.992	17.942
6	4.3309	2078.9	40.032	10.008	16.049
7	4.3305	2078.9	40.032	10.008	16.050
8	4.0798	2066.6	39.999	9.999	16.952
9	4.1544	2070.3	40.009	10.002	16.681

表 4.7　构件 1 变形极值响应面函数系数

k	系数		
	a_{0k}	b_{1k}	c_{1k}
1	1.8474×10^3	2.0633×10^{-10}	-2.411×10^{-20}
2	—	-9.0745×10^{-3}	2.1314×10^{-6}
3	—	-6.4762×10^4	5.3974×10^5
4	—	1.3954×10^4	-4.6623×10^5

表 4.8　构件 2 变形极值响应面函数系数

k	系数		
	a_{0k}	b_{2k}	c_{2k}
1	—	-1.3926×10^{-10}	1.5790×10^{-20}
2	-5.1420×10^3	7.1783×10^{-2}	1.7350×10^{-5}
3	—	9.3995×10^4	-1.1745×10^6
4	—	6.6705×10^5	-3.3346×10^7

　　将求得的系数代入式（4.54）或式（4.55），可得到关于构件变形的极值响应面函数的确切表达式。为了精确分析，再用蒙特卡罗法进行大批量抽样，用极值响应面函数计算每个构件的变形极值响应以及构件和系统的刚度（变形）可靠度，如表 4.9 所示。为了对比分析，将用基于极值响应面的蒙特卡罗法求得的不同输入随机变量对应的构件中点变形输出极值响应分布直方图列于图 4.11，对应的构件中点变形输出极值响应曲线如图 4.12 所示，计算精度对比如表 4.9 所示。从表 4.9 中可以看出，蒙特卡罗法和基于极值响应面的蒙特卡罗法的计算精度相当接近。

表 4.9　由极值响应面法求得的柔性机械臂刚度可靠度

抽样数	计算目标		
	构件 1	构件 2	系统
10^2	1.000	0.9800	0.9800
10^3	1.000	0.9610	0.9610
10^4	1.000	0.9538	0.9538
10^5	1.000	0.9542	0.9542

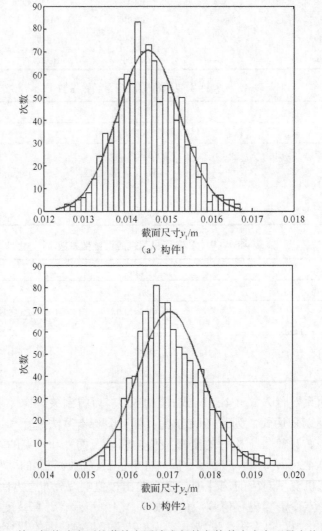

（a）构件1

（b）构件2

图 4.11　基于极值响应面的蒙特卡罗法求得的各构件中点变形最大值分布图

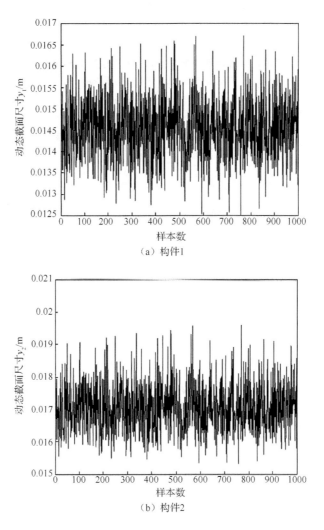

图 4.12 基于极值响应面的蒙特卡罗法求得的各构件中点变形最大值变化曲线

5. 基于两步极值响应面的蒙特卡罗法可靠性分析

两步极值响应面法的数学模型与极值响应面法的数学模型相同，只是求解极值响应面函数系数的方法不同（为了简化书写，以下将两步极值响应面简写为TSERS）。

按照极值响应面函数求解系数的方法，根据构件 1 和构件 2 样本点输入随机变量及其对应的输出极值响应的各组数据（表 4.10 和表 4.11），求得的两步极值响应面函数系数如表 4.12 和表 4.13 所示。由基于两步极值响应面的蒙特卡罗法求得的各构件中点变形响应最大值曲线如图 4.13 所示，各构件中点变形响应最大值分布直方图如图 4.14 所示。

表 4.10　求解构件 1 中点变形最大值 TSERS 函数系数输入随机变量
和对应的输出响应 9 组样本值

| j | 变量和响应 | | | | |
	$E_1^{(j)}$ /GPa	$\rho_1^{(j)}$ /（kg/m³）	$h_1^{(j)}$ /mm	$b_1^{(j)}$ /mm	$y_1^{(j)}$ /mm
1	3.5471	2.0406	59.894	14.974	12.612
2	3.9991	2062.7	59.983	14.996	14.795
3	3.7471	2050.3	59.933	14.983	15.884
4	4.1131	2068.3	60.005	15.001	14.371
5	4.1463	2069.9	60.012	15.003	14.249
6	3.8532	2055.5	59.954	14.989	15.406
7	4.3309	2078.9	60.048	15.012	13.593
8	4.3305	2078.9	60.048	15.012	13.594
9	4.0798	2066.6	59.998	15.000	16.825

表 4.11　求解构件 2 中点变形最大值 TSERS 函数系数输入随机变量
和对应的输出响应 9 组样本值

| j | 变量和响应 | | | | |
	$E_2^{(j)}$ /GPa	$\rho_2^{(j)}$ /（kg/m³）	$h_2^{(j)}$ /mm	$b_2^{(j)}$ /mm	$y_2^{(j)}$ /mm
1	3.5471	2040.6	39.929	9.9824	19.797
2	4.6458	2094.3	40.073	10.018	14.959
3	3.9991	2062.7	39.988	9.997	17.247
4	3.7471	2050.3	39.956	9.989	18.562
5	4.1131	2068.3	40.003	10.001	16.831
6	4.1463	2069.9	40.008	10.002	16.711
7	3.8532	2055.5	39.969	9.992	17.942
8	4.3309	2078.9	40.032	10.008	16.049
9	4.3305	2078.9	40.032	10.008	16.050

表 4.12　构件 1 中点变形最大值 TSERS 函数系数

k	系数		
	a_{0k}	b_{1k}	C_{1k}
1	797.697	$0.501594×10^{-10}$	$-0.607978×10^{-20}$
2	—	$0.2488665×10^{-2}$	$-0.656622×10^{-6}$
3	—	-45045.125	375830.285
4	—	73359.715	-2448009.51

表 4.13　构件 2 中点变形最大值 TSERS 函数系数

i	系数		
	a_{0k}	b_{2k}	c_{2k}
1	—	$-0.468878×10^{-9}$	$0.538456×10^{-19}$
2	1741.909	0.12392478	$-0.2997387×10^{-4}$
3	—	5902.85	-72817.150
4	—	-398134.683	19927754.064

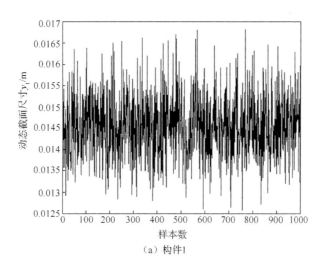

（a）构件1

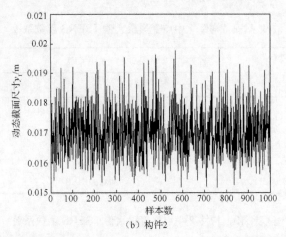

（b）构件2

图 4.13　基于两步极值响应面的蒙特卡罗法求得的构件中点变形最大值曲线

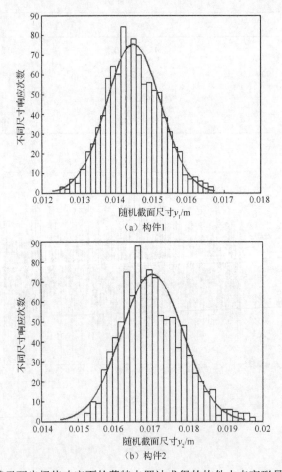

（a）构件1

（b）构件2

图 4.14　基于两步极值响应面的蒙特卡罗法求得的构件中点变形最大值分布图

为了说明蒙特卡罗法、基于极值响应面的蒙特卡罗法和基于两步极值响应面的蒙特卡罗法计算可靠度数值的差别，将由基于极值响应面的蒙特卡罗法和基于两步极值响应面的蒙特卡罗法计算的构件和系统可靠度列于表 4.14 和表 4.15；将由蒙特卡罗法、基于极值响应面的蒙特卡罗法和基于两步极值响应面的蒙特卡罗法计算构件和系统可靠度所用的时间列于表 4.16 中。

表 4.14 基于极值响应面的蒙特卡罗法算得的构件和柔性机械臂的刚度可靠度

抽样次数	计算目标		
	构件 1	构件 2	机构
10^2	1.000	0.980	0.980
10^3	1.000	0.961	0.961
10^4	1.000	0.9538	0.9538
10^5	1.000	0.9542	0.9542
10^6	0.999998	0.9552025	0.9552006

表 4.15 基于两步极值响应面的蒙特卡罗法求得的构件和柔性机械臂的刚度可靠度

抽样次数	计算目标		
	构件 1	构件 2	机构整体
10^2	1.000	0.960	0.960
10^3	1.000	0.948	0.9481
10^4	1.000	0.9437	0.9437
10^5	1.000	0.9449	0.9449
10^6	0.9999998	0.9458	0.9458

表 4.16 不同方法计算柔性机械臂可靠度花费的时间 单位：h

抽样次数	方法		
	蒙特卡罗法	极值响应面法	两步极值响应面法
10^2	0.5453	9.9722×10^{-5}	9.7385×10^{-4}
10^3	5.441	1.6500×10^{-4}	1.6113×10^{-4}
10^4	—	4.6833×10^{-4}	4.0981×10^{-4}
10^5	—	$3.48\,00 \times 10^{-2}$	3.3468×10^{-2}
10^6	—	4.8617	4.2373

由表 4.16 可知，基于极值响应面的蒙特卡罗法和基于两步极值响应面的蒙特卡罗法的计算速度比蒙特卡罗法的计算速度快 1000 倍以上（上述方法的计算数据是在同一台计算机上计算得到的）。不同方法计算的构件 2 的刚度可靠度如表 4.17 所示。在表 4.16、表 4.17 中，极值响应面法指的是基于极值响应面法的蒙特卡罗法，两步极值响应面法指的是基于两步极值响应面法的蒙特卡罗法。

表 4.17　不同方法计算的构件 2 的刚度可靠度

抽样次数	方法		
	蒙特卡罗法	极值响应面法	两步极值响应面法
10^2	0.970	0.980	0.960
10^3	0.9520	0.961	0.9481
10^4	—	0.9538	0.9437
10^5	—	0.9542	0.9449
10^6	—	0.9552025	0.9458

6. 基于极值响应面的一次二阶矩法可靠性分析

作为研究和探讨，本节将极值响应面法与一次二阶矩法相结合，进行柔性机构动态刚度可靠性分析，方法和步骤如下。

对式（4.87）应用一次二阶矩法，得到变形均值和方差为

$$\mu_{y_i} \approx a_0 + b_1\mu_E + b_2\mu_\rho + b_3\mu_{x_{j1}} + b_4\mu_{x_{j2}} + c_{11}\mu_E^2 + c_{22}\mu_\rho^2 + c_{33}\mu_{x_{j1}}^2 + c_{44}\mu_{x_{j2}}^2 \quad (4.92)$$

$$\sigma_{y_i}^2 \approx \left(b_1 + 2c_{11}\mu_E\right)^2\sigma_E^2 + \left(b_2 + 2c_{22}\mu_\rho\right)^2\sigma_\rho^2 + \left(b_3 + 2c_{33}\mu_{x_{j1}}\right)^2\sigma_{x_{j1}}^2$$
$$+ \left(b_{44} + 2c_{44}\mu_{x_{j2}}\right)^2\sigma_{x_{j2}}^2 \quad (4.93)$$

将表 4.7 和表 4.8 中的响应面函数系数代入式（4.92）、式（4.93），再将由式（4.59）和式（4.60）求得构件许用变形均值为 0.018m、标准差为 0.00036m 时，构件 1 和构件 2 的可靠度分别为 $P_{y1} = 0.9364$，$P_{y2} = 0.9205$。如果以蒙特卡罗法 1000 次抽样的构件中点变形刚度可靠度为精确值，显然，基于极值响应面的一次二阶矩法比用基于极值响应面的蒙特卡罗法以及基于两步极值响应面法的蒙特卡罗法的计算精度低。

7. 误差分析

设 y_{ji}^{MCM} 为对应于第 j 组输入随机变量用蒙特卡罗法算出的构件 i 的变形输出响应的最大值，y_{ji}^{RPSMz} 为对应于第 j 组输入随机变量用第 z 种方法求出的构件 i 的

变形输出响应的最大值，则不同算法求得的构件中点变形输出响应最大值的绝对误差和相对变形误差分别为

$$\Delta y_{ji} = y_{ji}^{\text{MCM}} - y_{ji}^{\text{RPSMz}}, \quad j=1,2,\cdots,n; \quad i=1,2 \tag{4.94}$$

$$\varepsilon = \frac{\Delta y_{ji}}{y_{ji}^{\text{MCM}}}100\%, \quad j=1,2,\cdots,n; \quad i=1,2 \tag{4.95}$$

式中，$z=1,2$。$z=1$ 时为基于极值响应面的蒙特卡罗法；$z=2$ 时为基于两步极值响应面的蒙特卡罗法。本例 1000 次抽样，由式（4.94）、式（4.95）用不同方法求得的构件中点最大变形的误差曲线如图 4.15 和图 4.16 所示，误差比较列于表 4.18。不同方法求得的各构件中点变形最大值均值和标准差如表 4.19 所示。

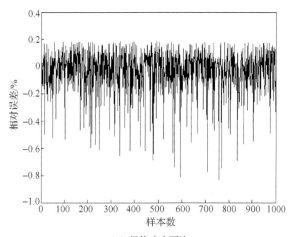

（a）极值响应面法

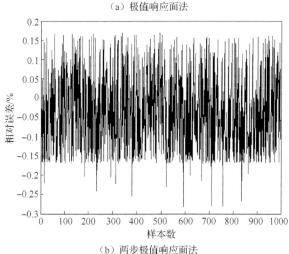

（b）两步极值响应面法

图 4.15　由不同方法求得的构件 1 中点变形最大值相对误差

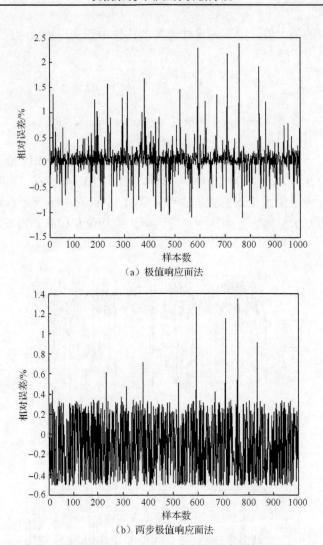

（a）极值响应面法

（b）两步极值响应面法

图 4.16　由不同方法求得的构件 2 中点变形最大值相对误差

表 4.18　由不同方法计算的可靠性误差比较　　　　　　　单位：%

方法	计算对象	
	构件 1	构件 2
ERSM	0.82	2.40
TSERSM	0.28	1.35

表 4.19 不同方法求得的各构件中点变形最大值均值和标准差 单位：m

方法	构件 1		构件 2	
	均值 μ_{y_1}	标准差 σ_{y_1}	均值 μ_{y_2}	标准差 σ_{y_2}
MCM	0.0145	0.0007412	0.0170	0.000803
ERSM	0.0145	0.0007409	0.0170	0.0007677
TSERSM	0.0145	0.0007409	0.0170	0.0008335

8. 比较分析

由图 4.10、图 4.12、图 4.13 可以看出，三种方法求得的响应曲线基本相同；由图 4.9、图 4.11、图 4.14 可以看出，三种方法求得的同一构件变形响应分布基本一致，经检验，都服从正态分布，它们的均值和标准差如表 4.19 所示。从表 4.19 可以看出，三种方法求得的均值完全相同，标准差基本相同。

如果将抽样规模（本例中取 1000 次抽样）达到精度要求的蒙特卡罗法求得的不同输入随机变量下的构件动态输出响应以及可靠度作为各自的精确值，则可以进行各种方法计算误差分析和计算效率的比较。

在计算效率方面，由表 4.16 可以看出，基于两步极值响应面蒙特卡罗法与基于极值响应面的蒙特卡罗法区别不大，计算效率都比蒙特卡罗法提高几千倍以上；在计算精度方面，从表 4.17、表 4.18 和图 4.15 可以看出，基于两步极值响应面蒙特卡罗法的计算精度比基于极值响应面的蒙特卡罗法的精度有较大提高，其原因是两步极值响应面法在系数求解时，将极值输出响应中的最大值和最小值作为样本点的一部分，也就是把最离散的点（离均值最远的点）对精度的影响考虑在内，从而提高了响应面的精度。

5 基于极值响应面法的柔性机构可靠性优化设计

柔性机构动态强度可靠性优化设计是在柔性机构动态强度可靠性分析的基础上进行的柔性机构构件截面尺寸的优化设计[14]，主要分为以柔性机构动态强度可靠性为约束的可靠性优化设计和以柔性机构动态强度可靠性为目标的可靠性优化设计两大类。其中，以柔性机构动态强度可靠性为约束函数、以柔性构件质量为目标函数的可靠性优化设计是在满足柔性机构动态强度可靠性要求的前提下使得构件质量最小，而以柔性机构动态强度可靠性为目标函数的可靠性优化设计是在满足其他约束的前提下使得机构的动态强度可靠性最高。

柔性机构动态刚度（变形、功能、执行构件运动精度）可靠性优化设计是在柔性机构动态刚度（变形、功能、执行构件运动精度）可靠性分析的基础上进行的柔性机构构件截面尺寸的优化设计，主要分为以柔性机构动态刚度（变形、功能、执行构件运动精度）可靠性为约束函数的可靠性优化设计和以柔性机构动态刚度（变形、功能、执行构件运动精度）可靠性为目标函数的可靠性优化设计。其中，以柔性机构动态刚度（变形、功能、执行构件运动精度）可靠性为约束函数、以柔性构件质量为目标函数的可靠性优化设计是在满足柔性机构动态刚度（变形、功能、执行构件运动精度）可靠性要求的前提下使得构件质量最小，而以柔性机构动态刚度（变形、功能、执行构件运动精度）可靠性为目标函数的柔性机构动态刚度（变形、功能、执行构件运动精度）可靠性优化设计是在满足其他约束的前提下使得机构的动态刚度（变形、功能、执行构件运动精度）可靠性最高。

进行柔性机构动态可靠性优化设计，必须要进行柔性机构的动力分析，而柔性机构的动力学方程为非线性二阶微分代数混合方程组，无法得到解析解，只能用数值法求解，其可靠性分析极限状态方程也无法表示为具体的解析形式[1]，这使以可靠性为约束函数或者以可靠性为目标函数的柔性机构动态可靠性优化设计无法进行。其中，最主要的问题是优化设计模型中可靠性分析的极限状态方程无法表示为具体的解析式问题。要解决这个问题，必须首先解决柔性机构动态可靠性分析方法问题。为此，作者提出柔性机构动态可靠性分析的极值响应面法和两步极值响应面法。

在以传统方法进行柔性机构截面尺寸初步设计的基础上，本章将优化设计与可靠性分析结合，以可靠性指标为约束函数，以构件质量为目标函数，以材料密度、材料强度、构件截面尺寸为随机变量，以构件截面尺寸为设计变量，建立了柔性机构动态可靠性优化设计的通用均值模型，进而给出求解方法，并对其进行了实例计算。

5.1 柔性机构动态可靠性优化设计的基本思想

柔性机构动态可靠性优化设计的难点在于其可靠性分析的极限状态方程不能表示为具体的显式形式，而用数值法进行优化，每次循环都要进行柔性机构动态可靠性计算，这在计算时间上是无法接受的。为了解决这个问题，将第 4 章的柔性机构动态可靠性分析的极值响应面法和两步极值响应面法引入柔性机构动态可靠性优化设计中，提出柔性机构动态可靠性优化设计的新方法——基于极值响应面的柔性机构动态可靠性优化设计方法以及基于两步极值响应面的柔性机构动态可靠性优化设计方法。

基于极值响应面的柔性机构动态可靠性优化设计方法的基本思想是[14]：首先，用传统方法进行柔性机构截面尺寸的初步设计；其次，以可靠性指标为约束函数，以构件质量为目标函数，以材料密度、弹性模量、许用刚度（变形）、构件截面尺寸等为随机变量，以构件截面尺寸为设计变量，建立柔性机构动态可靠性优化设计的通用均值模型；然后，用第 3 章和第 4 章的方法建立柔性机构动态可靠性分析的极值响应面函数，再对极值响应面函数用一次二阶矩法，将柔性机构动态可靠性优化设计的约束函数和目标函数中的可靠性指标表示为设计变量和其他已知随机变量的函数；最后，进行优化求解。由于柔性机构各构件的运动相互耦合，一个构件的尺寸变化会对其他构件产生影响，一般不可能一次优化达到目的。所以，在每次优化求解后，要按照优化解进行柔性机构动态可靠性验算，如果可靠性指标没有达到要求，则以新的优化值为新的初始量，重新构建极值响应面函数，即重新确定响应面函数系数，重复上述优化过程，这样的过程可能要循环几次，在每次优化完成后都要进行可靠性计算检验，直到优化设计后机构的可靠度值与设计要求值之差达到要求为止。

基于两步极值响应面的柔性机构动态可靠性优化设计方法与极值响应面法的过程相同，只是用两步极值响应面函数代替极值响应面函数即可。优化设计流程如图 5.1 所示。

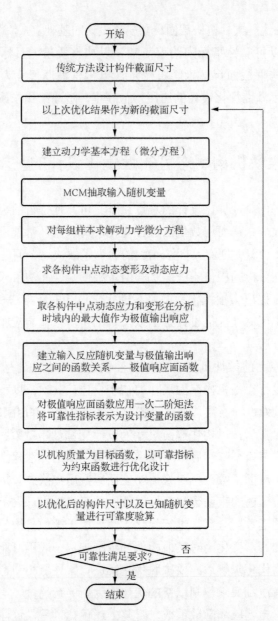

图 5.1　基于极值响应面的柔性机构动态可靠优化设计流程

5.2　柔性机构动态可靠性优化设计模型的建立及求解

柔性机构动态可靠性优化设计是在柔性机构极值响应面法和两步极值响应面法进行可靠性分析的基础上进行的。因此，在柔性机构动态可靠性优化设计的过程中，还要用到第 4 章柔性机构动力学微分方程、动态应力求解、动态变形求解和第 3 章的可靠性分析的极值响应面法以及可靠性分析的两步极值响应面法。

5.2.1 柔性机构动态变形及应力数学模型

为了进行柔性机构动态可靠性优化设计，需要进行柔性机构的运动分析、动力分析、构件的变形分析、应力分析和动态可靠性分析，因此要建立柔性机构的动力学微分方程和柔性机构构件动态应力分析方程。

1. 柔性机构的动力学微分方程

柔性机构可以看作柔性多体系统，由柔性多体动力学，柔性机构的动力学微分方程[13]可以写为

$$M\ddot{q} + \dot{M}\dot{q} - \frac{\partial}{\partial q}(\frac{1}{2}\dot{q}^{\mathrm{T}}M\dot{q}) + Kq + \frac{\partial U_g}{\partial q} = Q_k \tag{5.1}$$

式中，$q(t)$ 为广义坐标；M 为质量矩阵；K 为刚度矩阵；$Q_k = Q_k(t)$ 为驱动力矩的广义力；U_g 为系统的重力势能；t 为运动时间。

2. 柔性机构构件动态变形数学模型

由多柔体系统动力学可知，在 t 时刻，柔性机构中构件 i 上任一点在动坐标系中的横坐标为 x_i，纵坐标（弹性变形）为 $y_i(t,x_i)$。纵坐标 $y_i(t,x_i)$ 采用模态综合法表示为[13]

$$y_i(t,x_i) = \sum_{j=1}^{k} u_{ij}(t)\varphi_j(x_i) \tag{5.2}$$

式中，$i=1,2,\cdots,n$，为机构构件数；$u_{ij}(t)$ 为构件 i 的第 j 个弹性坐标；$\varphi_j(x) = \sin(j\pi x/l)$ 为模态形函数，一般采用模态截断法，取前两阶模态，即式（5.2）中 $k=2$。

3. 柔性机构构件动态应力分析数学模型

由第 4 章可知，t 时刻，构件 i 在动坐标系中横坐标 x_i 点处变形曲率半径 $r_i(t,x_i)$ 的倒数表达式如式（4.61）所示，由构件横截面尺寸和材料的弹性模量 E_i 可以求得该时刻构件对应点的动态弯应力（忽略拉压力应力）表达式如式（4.62）所示。

5.2.2　柔性机构动态刚度可靠性优化设计模型及求解

1. 柔性机构构件动态刚度可靠性优化设计模型

设柔性机构要求的刚度可靠度为 P_y，构件 i 要求的刚度可靠度为 P_{y_i}，构件 i 要求的刚度可靠性指标为 β_{y_i}，若按各构件等可靠度原则，则 P_y、P_{y_i}、β_{y_i} 的关系为

$$P_{y_i} = (P_y)^{\frac{1}{n}} \tag{5.3}$$

$$\beta_{y_i} = \Phi^{-1}(P_{y_i}) \tag{5.4}$$

式中，n 为柔性机构构件数。

有了构件的可靠度要求之后，可以建立柔性机构构件的动态刚度可靠性优化设计模型。以构件刚度可靠性指标为约束函数，以构件质量为目标函数，以构件材料参数、构件截面尺寸、重力加速度等为随机变量，以构件截面尺寸的均值为设计变量的柔性机构构件动态刚度可靠性优化设计均值模型为

$$
\begin{cases}
\min & E\left\{ \displaystyle\prod_{h=1}^{3} (x_{ih}\rho_i) \right\} \\
\text{s.t.} & \dfrac{\mu_{R_{y_i}} - \mu_{y_i}}{\sqrt{\sigma_{R_{y_i}}^2 + \sigma_{y_i}^2}} \geqslant \Phi^{-1}(P_{y_i}) \\
& g_i(X(t)) = 0 \\
& a \leqslant x_{ih} \leqslant b
\end{cases}
\tag{5.5}
$$

式中，$i = 1, 2, \cdots, n$，为构件数；构件几何尺寸边长数为 3（这里假设为矩形截面）；ρ_i 为构件 i 材料密度均值，由材料性能确定；x_{ih} 为构件 i 几何尺寸设计变量（均值）；μ_{y_i} 为设计时域内不同输入随机变量下，构件 i 中点最大变形均值；σ_{y_i} 为设计时域内不同输入随机变量下，构件 i 中点最大变形标准差；$\mu_{R_{yi}}$ 为构件 i 许用变形均值，一般由柔性机构要求的运动精度确定；$\sigma_{R_{yi}}$ 为构件 i 许用变形均差，由测量误差分布和量具公差分布确定；$g_i(X(t)) = 0$ 为设计变量应该满足的其他等式约束，a、b 为设计变量（均值）的上、下边界。

式（5.5）中，用多柔体系统动力学法，在设计时域内，不同输入随机变量下，无法给出构件 i 中点最大变形均值 μ_{y_i} 和标准差 σ_{y_i} 关于设计变量的表达式，而用数值法进行优化求解，每循环一次都要用数值法求解动力学微分代数混合方程组，并进行可靠性计算，这在计算时间上是无法忍受的，甚至是很难实现的。为此本

节用极值响应面函数表达构件中点最大变形，并通过一次二阶矩法得到构件 i 中点最大变形均值 μ_{y_i} 和标准差 σ_{y_i} 的表达式。然后，将表达式中的设计变量标准差 $\sigma_{x_{i1}}$、$\sigma_{x_{i2}}$ 用设计变量（均值）$\mu_{x_{i1}}$、$\mu_{x_{i2}}$ 表示，即 $\sigma_{x_{i1}} = v_{x_{i1}}\mu_{x_{i1}}$、$\sigma_{x_{i2}} = v_{x_{i2}}\mu_{x_{i2}}$（$v_{x_{ik}}$ 为设计变量变异系数，可根据构件的加工精度公差要求和可靠性要求确定），得到以设计变量（均值）、已知随机变量均值及方差表示的构件中点最大变形均值 μ_{y_i} 和标准差 σ_{y_i} 的表达式。将该表达式代入（5.5）并求解，得到设计变量的均值。以此设计变量（均值）作为构件截面尺寸，则构件在满足刚度可靠性要求的前提下质量最小。

构件 i 中点最大变形极值响应面函数以及构件 i 中点变形极值响应的均值和方差如式（4.49）～式（4.58）所示。

另外，为了表达方便，优化模型中的设计变量（均值）没有用 $\mu_{x_{i1}}$、$\mu_{x_{i2}}$ 表示，而是直接用 x_{ih}（$h=1,2,3$）表示。

2. 柔性机构整体动态刚度可靠性优化设计模型

以动态刚度可靠性指标为约束函数，以构件质量为目标函数，以构件材料参数、密度、重力加速度、构件截面尺寸等为随机变量，以构件截面尺寸均值为设计变量的柔性机构整体动态刚度可靠性优化设计均值模型[15]为

$$
\begin{cases}
\min & E\left\{\sum_{i=1}^{n}(\prod_{h=1}^{3} x_{ih}\rho_i)\right\} \\
\text{s.t.} & \dfrac{\mu_{R_{y_i}} - \mu_{y_i}}{\sqrt{\sigma_{R_{y_i}}^2 + \sigma_{y_i}^2}} \geqslant \varPhi^{-1}(P_{y_i}) \\
& g_i\left(X(t)\right) = 0 \\
& a \leqslant x_{ih} \leqslant b
\end{cases}
\tag{5.6}
$$

式中各量含义同式（5.5）。

3. 柔性机构动态刚度可靠性优化设计模型的求解

在进行优化求解时，先依次对每个构件进行动态刚度可靠性优化设计，在得到每个构件的最优解后，进行构件和机构动态可靠性验算。当优化解满足可靠性要求时，以求得的最优解作为构件的截面尺寸，则各构件的质量最小。当每个构件在满足刚度可靠性要求的情况下质量最小时，则机构在满足刚度可靠性要求的条件下质量最小。柔性机构动态刚度可靠性优化设计流程如图 5.2 所示。

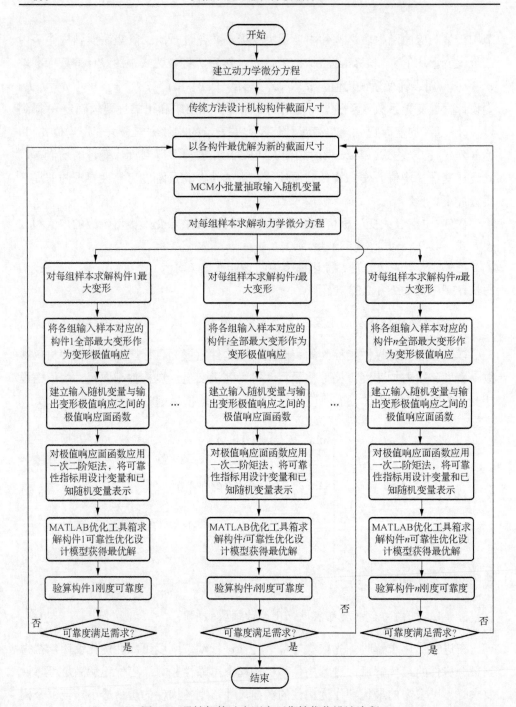

图 5.2　柔性机构动态刚度可靠性优化设计流程

5.2.3 柔性机构动态强度可靠性优化设计模型及求解

1. 柔性机构构件动态强度可靠性优化设计模型

设柔性机构要求的动态强度可靠性为 P_S，构件 i 要求的动态强度可靠度为 P_{S_i}，构件 i 要求的动态强度可靠性指标为 β_{S_i}，而机构系统是串联系统，按照等可靠度分配各个构件的动态强度可靠度，可得到构件的动态强度可靠度和可靠性指标分别为

$$P_{S_i} = (P_S)^{\frac{1}{n}} \tag{5.7}$$

$$\beta_{s_i} = \Phi^{-1}(P_{s_i}) \tag{5.8}$$

构件的截面尺寸动态强度可靠性优化设计模型为

$$\begin{cases} \min \quad E\left\{\prod_{h=1}^{3}(x_{ih}\rho_i)\right\} \\ \text{s.t.} \quad \dfrac{\mu_{R_{S_i}} - \mu_{S_i}}{\sqrt{\sigma_{R_{S_i}}^2 + \sigma_{S_i}^2}} \geqslant \Phi^{-1}(P_{S_i}) \\ \qquad g_i\big(X(t)\big) = 0 \\ \qquad a \leqslant x_{ih} \leqslant b \end{cases} \tag{5.9}$$

式中，$i = 1, 2, \cdots, n$，为机构构件数；$j = 1, 2, 3$ 为构件几何尺寸边数；x_{ih} 为构件 i 几何尺寸设计变量（均值）；ρ_i 为构件 i 材料密度（均值）；$\mu_{R_{Si}}$ 为构件 i 许用强度均值，由构件材料性能确定；$\sigma_{R_{Si}}$ 为构件 i 材料许用强度标准差，由材料性能分布确定；μ_{S_i} 为全部输入随机变量在分析时域内对应的构件 i 中点最大应力均值；σ_{S_i} 为构件 i 中点最大应力标准差；$g_i\big(X(t)\big) = 0$ 为设计变量应该满足的其他等式约束；a、b 为设计变量的上、下边界。

用与柔性机构动态刚度可靠性优化设计类似的方法，建立构件中点动态应力极值响应面函数，并通过一次二阶矩法得到构件 i 中点最大应力均值 μ_{S_i} 和标准差 σ_{S_i} 的表达式。然后，将表达式中的设计变量标准差 $\sigma_{x_{i1}}$、$\sigma_{x_{i2}}$ 用设计变量（均值）x_{i1}、x_{i2} 表示，即 $\sigma_{x_{i1}} = v_{x_{i1}} x_{i1}$、$\sigma_{x_{i2}} = v_{x_{i2}} x_{i2}$（$v_{x_{ih}}$ 为设计变量变异系数，可根据构件的加工精度公差要求和可靠性要求确定），得到以设计变量（均值）、已知随机

变量均值及方差表示的构件中点最大应力均值 μ_{S_i} 和方差 $\sigma_{S_i}^2$ 的表达式。再将该表达式代入优化模型（式（5.9）），得到用设计变量（均值）、已知随机变量均值和已知随机变量方差表示的构件动态强度可靠性优化设计均值模型的表达式。然后，求解式（5.9）得到设计变量（均值）。以此设计变量（均值）设计构件尺寸，则构件在满足强度可靠性要求的前提下质量最小。

构件 i 中点最大应力极值响应面函数以及构件 i 中点最大应力极值响应的均值和方差如式（4.65）～式（4.74）所示。

另外，为了表达方便，优化模型中的设计变量（均值）没有用 $\mu_{x_{i1}}$、$\mu_{x_{i2}}$ 表示，而是直接用 x_{ih}（h=1,2,3）表示。

2. 柔性机构整体动态强度可靠性优化设计模型

以动态强度可靠性指标为约束函数，以构件质量为目标函数，以机构材料参数、重力加速度、构件几何尺寸等为随机变量，以构件截面尺寸（均值）为设计变量的柔性机构整体动态强度可靠性优化设计均值模型[13]为

$$
\begin{cases}
\min \quad E\left\{\sum\limits_{i=1}^{n}(\prod\limits_{h=1}^{3} x_{ih}\rho_i)\right\} \\
\text{s.t.} \quad \dfrac{\mu_{R_{S_i}} - \mu_{S_i}}{\sqrt{\sigma_{R_{S_i}}^2 + \sigma_{S_i}^2}} \geqslant \Phi^{-1}(P_{S_i}) \\
\quad\quad g_i\big(X(t)\big) = 0 \\
\quad\quad a \leqslant x_{ih} \leqslant b
\end{cases}
\tag{5.10}
$$

式中各符号意义同式（5.9）。

3. 柔性机构动态强度可靠性优化设计模型求解

在进行优化求解时，先依次对每个构件进行动态强度可靠性优化设计求解，在得到每个构件的最优解后，进行构件和机构动态可靠性验算。当优化解满足可靠性要求时，以求得的最优解作为构件的截面尺寸，则构件的质量最小。当每个构件在满足强度可靠性要求的情况下质量最小时，则机构在满足强度可靠性要求的条件下质量最小。柔性机构动态强度可靠性优化设计流程如图 5.3 所示。

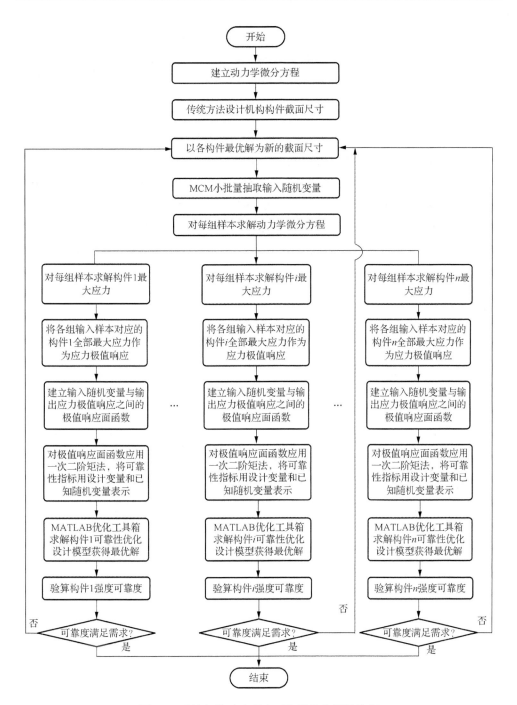

图5.3 柔性机构动态强度可靠性优化设计流程

5.3　算　例

5.3.1　已知条件

在第 4 章例题中，双连杆柔性机械臂的简化模型如图 4.6 所示。将第 4 章例题已知条件作为传统设计结果，其具体数值如下[13]：两构件长度为 l_1=0.75m、l_2=0.75m，构件 1、2 端部集中质量 m_1=5.5kg、m_2=2.75kg，构件 1、2 驱动力矩为 $\tau_1(t) = 215\sin^3(2\pi t) - 62\mathrm{N\cdot m}$、$\tau_2(t) = 75\sin^3(2\pi t) + 15\mathrm{N\cdot m}$。材料参数信息如表 4.1 所示，标准构件传统设计的截面尺寸信息如表 4.2 所示。现在要求各构件许用变形均值为 0.018m、标准差为 0.00036m、刚度可靠度不低于 0.950 的情况下使得机构的质量最小，设计该柔性机械臂的截面尺寸。

5.3.2　求解

1. 极值响应面法

与第 4 章例题类似，设柔性机械臂的两构件为均质欧拉梁，关节及臂端负载为集中质量；不考虑电机转子的转动惯量和电机的阻尼。在此基础上对每个连杆建立一个动坐标系，描述连杆在动坐标系中的运动（图 4.6）。构件 1 由 x_1-y_1 坐标系描述，构件 2 由 x_2-y_2 坐标系描述，y_1 和 y_2 分别表示构件 1 和构件 2 的弹性变形。动坐标系的运动由两动坐标系的方位角 $\theta_1(t)$、$\theta_2(t)$ 描述。

将柔性机械臂的材料弹性模量、密度、许用刚度（变形）、截面尺寸作为随机变量，并设其符合正态分布，而且相互独立。由于相对于长度均值而言，长度方差很小，所以本例将长度视为确定量。设两臂初始时刻均处于水平位置，且变形和速度为零，即 t=0 时，$q(0) = 0$，$\dot{q}(0) = 0$。求解本例构件中点变形最大值极值响应函数时，式（4.87）~式（4.90）中 n=2，H=9，k=4，则

$$X_i^{(j)} = \begin{pmatrix} x_{i1}^{(j)} & x_{i2}^{(j)} & x_{i3}^{(j)} & x_{i4}^{(j)} \end{pmatrix}^{\mathrm{T}} = \begin{pmatrix} E_i^{(j)} & \rho_i^{(j)} & h_i^{(j)} & b_i^{(j)} \end{pmatrix}^{\mathrm{T}} \tag{5.11}$$

式中，j=1, 2, …, 9，为样本点数；i=1, 2，为构件数；$E_i^{(j)}$ 为构件 i 材料弹性模量的第 j 样本值；$\rho_i^{(j)}$ 为构件 i 材料密度的第 j 样本值；$h_i^{(j)}$ 为构件 i 截面高的第 j 样本值；$b_i^{(j)}$ 为构件 i 截面宽的第 j 样本值。将两构件中点变形极值响应的均值和标准差 μ_{y_i}、σ_{y_i} 表示为设计变量（均值）x_{i1}、x_{i2}（i = 1, 2）的函数，并将设计变量标准差用变异系数 v_x 和设计变量（均值）表示，即 $\sigma_{x_{j1}} = v_x x_{j1}$、$\sigma_{x_{j2}} = v_x x_{j2}$，将相关

各量代入式（4.56）和式（4.58），则式（4.56）和式（4.58）演化为

$$\mu_{y_i} \approx A_0 + b_1\mu_E + b_2\mu_\rho + b_3\mu_{x_{j1}} + b_4\mu_{x_{j2}} + c_1\mu_E^2 + c_2\mu_\rho^2 + c_3\mu_{x_{j1}}^2 + c_4\mu_{x_{j2}}^2 \quad (5.12)$$

$$\sigma_{y_i}^2 \approx \left(b_1 + 2c_1\mu_E\right)^2 \sigma_E^2 + \left(b_2 + 2c_2\mu_\rho\right)^2 \sigma_\rho^2 + \left(b_3 + 2c_3\mu_{x_{j1}}\right)^2 v_{x_{j1}}^2 \mu_{x_{j1}}^2$$
$$+ \left(b_{44} + 2c_4\mu_{x_{j2}}\right)^2 v_{x_{j2}}^2 \mu_{x_{j2}}^2 \quad (5.13)$$

以传统设计尺寸为设计初值，根据构件样本点处输入随机变量及变形输出响应的各组数据（表4.5、表4.6）求得的构件中点变形最大值极值响应面函数系数如表4.7、表4.8所示，将系数分别代入式（5.12）和式（5.13），得到各构件中点变形极值响应均值和方差的具体表达式（具体表达式冗长不便写出），锁定截面的高宽比为 4∶1，设计变量变异系数 v_x 按照加工公差和 3σ（或者更高可靠度）原则确定。本例采用 3σ 原则确定，公差选择为均值的 0.002 倍，即 $v_x=0.002/3$。将已知各量的均值和方差以及式（5.12）、式（5.13）代入式（5.14）：

$$\begin{cases} \min \quad E\left\{\sum_{i=1}^{2}\left(\prod_{h=1}^{3} x_{ih}\rho_i\right)\right\} \\ \text{s.t.} \quad \dfrac{\mu_{R_{y_i}} - \mu_{y_i}}{\sqrt{\sigma_{R_{y_i}}^2 + \sigma_{y_i}^2}} \geqslant \Phi^{-1}(P_{y_i}) \\ \quad \mu_{x_1} = 0.25\mu_{x_2} \\ \quad g_i\left(X(t)\right) = 0 \\ \quad a \leqslant \mu_{x_{ij}} \leqslant b \end{cases} \quad (5.14)$$

根据以上公式，用 MATLAB 优化工具箱进行优化求解，其结果见表5.1。从优化结果看，与第4章已知截面尺寸的可靠性分析结果基本相符。

表 5.1　极值响应面法求得的设计变量优化值比较　　　单位：mm

设计变量	优化前	优化值
x_{11}	60	59.972
x_{12}	15	14.993
x_{21}	40	39.91
x_{22}	1.0	9.9776

2. 两步极值响应面法

两步极值响应面法的求解过程与极值响应面法的求解过程完全相同，只是两者的响应面函数系数不同。本例求解两步极值响应面函数系数样本值见表 4.10、表 4.11，求得的两步极值响应面函数系数见表 4.12、表 4.13。将两步极值响应面函数系数代入式（5.12）和式（5.13），然后代入式（5.14）进行优化求解，优化结果见表 5.2。

表 5.2　两步极值响应面法求得的设计变量优化值比较　　单位：mm

设计变量	优化前	优化值
x_{11}	60	59.620
x_{12}	15	14.905
x_{21}	40	40.021
x_{22}	1.0	10.005

6 可靠性分析的多重极值响应面法

随着现代航空航天等工程实际对计算精度要求不断提高,机械系统可靠性分析时考虑的因素越来越多,涉及多学科、多材料、多响应耦合,如果直接建立整体的可靠性模型,会极大增加分析计算量、影响计算效率,有时甚至是无法实现。另外,目前针对由若干个构件装配而成的机械系统,解决失效相关性的方法缺乏工程实用性。为了解决上述问题,本章提出了可靠性分析的多重响应面法,用以实现考虑共因失效相关性的多构件结构系统可靠性分析,主要包括结构可靠性分析的双重响应面法(double response surface method, DRSM)[1]和多重响应面法(multiple response surface method, MRSM)。

6.1 多重响应面法

可靠性分析的多重响应面法[16]是指在对具有多个构件、每一构件具有多种失效模式的机械系统进行可靠性分析时,对每个构件的每种失效模式分别构造一个响应面模型,再对每个响应面模型采取联动抽样的方法抽取输入随机变量相同的样本,代入这些响应面模型,得到各个响应面的输出响应,进行系统的可靠性分析[17]。由于在分析过程中对每个构件的每个失效模式分别建立了响应面模型,因此称为"多重响应面法"。由于对影响各个构件失效模式的随机变量抽取了相同的样本,并且同时计算各自的输出响应,从而得到系统的可靠性,因此考虑了共因失效相关性,这样既减少了计算量同时也保证了计算精度。

多重响应面法的数学模型建立如下。

假设构件 i 的输入随机向量为 X_i,构件 i 的第 j 学科输出响应为 y_{ij},其中 $i, j \in Z$,则构件 i 的输入随机变量与构件 i 对应的输出响应的关系为

$$y_{ij} = f(X_i) \tag{6.1}$$

式(6.1)写成

$$y_{ij} = A_{ij} + B_{ij}X_i + X_i^{\mathrm{T}}C_{ij}X_i \tag{6.2}$$

式中，A_{ij}，B_{ij}，C_{ij} 分别是常数项、一次项系数向量和二次项系数矩阵，可表示为

$$B_{ij} = \begin{pmatrix} B_{i1} & B_{i2} & \cdots & B_{in} \end{pmatrix}$$

$$X_i = \begin{pmatrix} x_{i1} & x_{i2} & \cdots & x_{in} \end{pmatrix}^{\mathrm{T}}$$

$$C_{ij} = \begin{bmatrix} C_{i1} & 0 & 0 & \cdots & 0 \\ 0 & C_{i2} & 0 & \cdots & 0 \\ 0 & & C_{i3} & \cdots & 0 \\ \vdots & \vdots & \vdots & & \vdots \\ 0 & 0 & 0 & \cdots & C_{in} \end{bmatrix}$$

式中，n 为输入参数随机变量数。

每一组输入变量和输出变量之间的关系，其整体响应面模型可以表达为

$$\begin{cases} y_{11} = A_{11} + B_{11}X_1 + X_1^{\mathrm{T}}C_{11}X_1 \\ y_{12} = A_{12} + B_{12}X_1 + X_1^{\mathrm{T}}C_{12}X_1 \\ \cdots \\ y_{21} = A_{21} + B_{21}X_2 + X_2^{\mathrm{T}}C_{21}X_2 \\ y_{22} = A_{22} + B_{22}X_2 + X_2^{\mathrm{T}}C_{22}X_2 \\ \cdots \\ y_{ij} = A_{ij} + B_{ij}X_i + X_i^{\mathrm{T}}C_{ij}X_i \end{cases} \tag{6.3}$$

式（6.3）可以写为

$$\tilde{y}_{ij} = \begin{pmatrix} y_{11} & y_{12} & \cdots & y_{21} & y_{22} & \cdots & y_{ij} \end{pmatrix}^{\mathrm{T}} \tag{6.4}$$

由于它是包含了多构件多学科的响应面方程，因此该方法称为多重响应面法。当只有两个响应面时，称为双重响应面法[17]。

将多重响应面法的响应面建立为极值响应面，得到的方法称为多重极值响应面法。

多重极值响应面法是在进行系统可靠性分析时，对每个构件的每种失效模式分别构造一个极值响应面模型（如第 3 章所述），再对这些极值响应面模型采取联动抽样来进行构件及整个系统的可靠性分析[18]。这种方法称为"可靠性分析的多重响应面法"。

6.2 基于多重极值响应面法的可靠性分析思想

建立多重（极值）响应面模型后，可以用该方法对机械系统进行可靠性分析。首先，将所有构件和与构件相关的学科进行分类；然后，针对这些学科建立有限元模型，对每个对象进行学科分析，计算出输出响应极值，构建极值响应面函数；最后，用 MCM 对输入随机变量联动抽样，抽取大批量随机样本，代入构建的极值响应面函数，分别算得输出响应值，再将这些值分别与失效指标比较，判断其是否失效，从而得出可靠度，完成可靠性分析[18]。

下面以燃气涡轮发动机的轮盘-叶片组合结构系统为对象，对各构件均考虑其变形和应力等因素的影响，用多重响应面法进行可靠性分析。

6.3　算　　例

6.3.1　轮盘-叶片概述

1. 叶片强度概述

发动机中主要有静子叶片和转子叶片来进行功能转换，转子叶片又称动叶，由于其受力状态较为复杂，所以一般只进行强度计算。在工作过程中，如果叶片本身强度不足，而导致变形、挠曲或折断等，将影响发动机的工作性能和安全性，甚至造成故障或事故，因此叶片的强度计算是十分重要的。本节主要针对叶片的静强度计算分析，静强度计算是指叶片受到非交变载荷外力的强度计算，主要包括应力计算、变形计算和强度校核。

叶片上的总应力是截面拉伸应力和弯曲应力之和，即

$$\sigma_{\mathrm{TO}} = \sigma_P + \sigma_u \qquad (6.5)$$

式中，σ_{TO} 为表示总应力；σ_P 为表示截面拉伸应力；σ_u 为表示弯曲应力。

叶片拉伸应力沿叶片同一截面上是均匀分布的，而弯曲应力的最大值处在最大弯曲应力点上，所以通常情况下，叶片上总应力的最大值一般是在截面最大弯曲应力点上。但是，因为叶片所处的工况不同，叶片截面上最大弯曲应力点也会随之变化，总应力和最大总应力也在变化。因此，叶片截面最大总应力随着发动机不同工况而改变。

2. 轮盘强度概述

轮盘是发动机的主要受力部件，其结构复杂、转速较高。轮盘的破裂是非包容性的，一旦遭到破坏，结果是灾难性的。因此，设计轮盘时，应从强度、结构、振动等多方面考虑，尽可能降低轮盘和转子故障率，并优化设计出安全可靠且质量轻的轮盘。

为了减少计算量，对轮盘作出如下一些假设条件。

（1）轮盘是薄盘，应力在厚度方向上均匀分布。

（2）轮盘处于平面应力状态，即与中间平面相平行的各平面之间不产生正应力。

（3）外界负荷沿轮缘圆周及轮缘宽度均匀分布。

在上述假设条件下，推导出轮盘中任一微元件的应力方程和变形方程，因为轮盘的形状和负荷都是轴对称，因此轮盘的应力和变形也是轴对称的，在同一半径的环形截面上各点的应力相同，各环形截面上只有径向应力 σ_r，通过旋转中心的径向截面上只有周向应力 σ_t。这两个应力构成的垂直方向的截面即为主应力面，力为主应力。

根据轮盘形状和负荷轴对称的特点，在轮盘上取一任意微元体（图 6.1）进行计算。该微元体由半径为 r 和 $r+\mathrm{d}r$ 的两个同心圆柱面、夹角为 $\mathrm{d}\theta$ 的两个径向截面组成。其质量 $\mathrm{d}m$ 为

$$\mathrm{d}m = \frac{\gamma}{g}hr\mathrm{d}\theta\mathrm{d}r \tag{6.6}$$

式中，γ 为轮盘材料的重度；h 为轮盘在 r 截面处的厚度；g 为重力加速度。

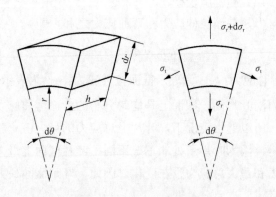

图 6.1　轮盘微元体受力图

轮盘以 ω 的角速度旋转时，微元体产生的离心力 $\mathrm{d}c$ 为

$$\mathrm{d}c = \frac{\gamma}{g} hr^2 \omega^2 \mathrm{d}\theta \mathrm{d}r \qquad (6.7)$$

根据连接条件，微元体有正应力作用，即径向应力 σ_r 作用在内表面，径向应力 $\sigma_r + \mathrm{d}\sigma_r$ 作用于外表面，周向应力 σ_t 作用于两侧表面。

微元体内圆柱面上的作用力 P 和外圆柱面上的作用力 $P + \mathrm{d}P$ 为

$$P = \sigma_r hr\mathrm{d}\theta \qquad (6.8)$$

$$P + \mathrm{d}P = \sigma_r hr\mathrm{d}\theta + \mathrm{d}(\sigma_r hr)\mathrm{d}\theta \qquad (6.9)$$

两侧表面上的作用力 T 为

$$T = \sigma_t h\mathrm{d}r \qquad (6.10)$$

根据力的平衡条件，微元体上各力在径向上的投影之和为零，即

$$(P + \mathrm{d}P) - P - 2T\sin\frac{\mathrm{d}\theta}{2} + \mathrm{d}c = 0 \qquad (6.11)$$

将式（6.7）～式（6.10）代入式（6.11），由于 $\mathrm{d}\theta$ 很小，可用 $\dfrac{\mathrm{d}\theta}{2}$ 代替 $\sin\dfrac{\mathrm{d}\theta}{2}$，通过运算并简化可得

$$r\frac{\mathrm{d}(h\sigma_r)}{h\mathrm{d}r} + \sigma_r - \sigma_t - \frac{\gamma}{g}\omega^2 r^2 = 0 \qquad (6.12)$$

式（6.12）为轮盘的平衡方程式。

轮盘工作时，受到负荷作用产生应力，也产生变形，设 u 为微元体的径向总位移，而 $\mathrm{d}u$ 为微元体本身的绝对变形。

微元体沿半径的相对总变形为

$$\varepsilon_r = \frac{(\mathrm{d}r + \mathrm{d}u) - \mathrm{d}r}{\mathrm{d}r} = \frac{\mathrm{d}u}{\mathrm{d}r} \qquad (6.13)$$

沿圆弧方向的总相对变形为

$$\varepsilon_t = \frac{(r + u)\mathrm{d}\theta - r\mathrm{d}\theta}{r\mathrm{d}\theta} = \frac{u}{r} \qquad (6.14)$$

式（6.14）微分后得

$$\mathrm{d}u = \mathrm{d}(\varepsilon_t r) \qquad (6.15)$$

将式（6.15）代入式（6.14），得到微元体总变形一致方程：

$$\varepsilon_r = \frac{\mathrm{d}}{\mathrm{d}r}(\varepsilon_t r) \tag{6.16}$$

6.3.2 轮盘-叶片的可靠性计算及分析

1. 有限元分析

选取航空发动机 I 级高压涡轮叶片和轮盘为研究对象，涡轮盘所受约束与载荷为轴对称（这里只是为了说明计算方法，在计算中只考虑涡轮叶片和轮盘本身质量产生的离心载荷和其所受约束，没有考虑其他因素的影响），并分别对叶片和涡轮进行简化，将简化对象建立模型并进行网格划分，如图 6.2 所示。对叶片的冷却孔及榫头，忽略冷却气体的作用力，将叶片的榫头放入涡轮盘模型中，并简化涡轮盘的榫槽、销钉孔等结构。

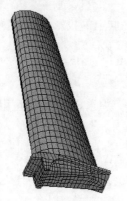 

（a）叶片有限元模型　　　　　　　（b）轮盘有限元模型

图 6.2　有限元模型

叶片和轮盘的材料均为钛合金，其相关数据见表 6.1，并作为随机变量进行下一步概率分析。

表 6.1　叶片和轮盘相关数据表

变量	均值	标准差
$g/\,(\mathrm{m/s^2})$	9.8	0.49
$\rho/\,(\mathrm{t/m^3})$	4.62	0.1155
$\omega/\,(\mathrm{rad/s})$	1168	23.36
EX	2.15×10^5	4.3×10^3

2. 基于多重响应面法的可靠性求解过程

首先，对叶片的模型进行加载和约束，忽略其温度影响，在常温下进行计算，通过计算得到叶片的变形分布和应力分布，如图 6.3 和图 6.4 所示，并提取出最大变形值 $D_{1\mathrm{max}}$ 和最大等效应力值 $\sigma_{1\mathrm{SEQV}}$。

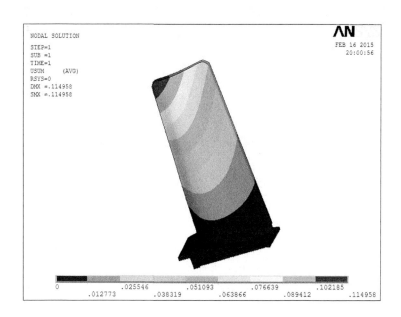

图 6.3　叶片的变形分布

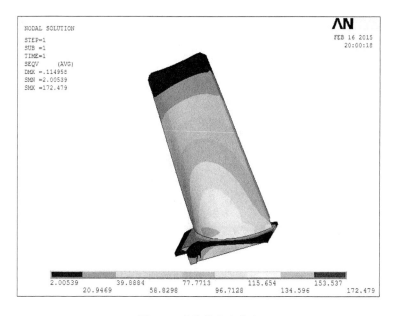

图 6.4　叶片的应力分布

　　将叶片的输入随机变量导入叶片模型中，利用拉丁超立方（Latin hypercube sampling, LHS）法获得 100 组样本点，将最大变形值 $D_{1\max}$ 和最大等效应力值 $\sigma_{1\mathrm{SEQV}}$ 分别作为输出变量。再将 $D_{1\max}$ 和 $\sigma_{1\mathrm{SEQV}}$ 及其对应的输入随机变量代入如式（6.3）所示的响应面模型中，求解出响应面的系数，得到响应面方程（式（6.17）和式（6.18））。

$$Y_{d1} = 1.0856 \times 10^{-1} + 4.3172 \times 10^{-3}\omega + 1.064 \times 10^{-5}g + 4.3 \times 10^{-5}\omega^2 + 6.03 \times 10^{-12}\omega \cdot \mathrm{EX}$$

$$(6.17)$$

$$Y_{s1} = 1.435 \times 10^2 + 5.7174\omega - 6.2684 \times 10^{-9}\rho + 2.6684 \times 10^{-3}g + 5.6953 \times 10^{-2}\omega^2 \quad (6.18)$$

　　用蒙特卡罗法对式（6.17）和式（6.18）同时进行 1 万次联动抽样，每次抽取的一组输入随机变量分别进行变形和应力计算，并判别是否失效，最后根据计算结果进行可靠性分析，得到叶片的可靠性。

　　由于是利用多重响应面法对构件进行分析，我们将叶片和轮盘分解，将叶片求得的最大应力结果加载到轮盘上，再利用多重响应面法对轮盘进行求解，得到其可靠性结果。通过计算得到的轮盘的变形分布和应力分布如图6.5和图6.6所示，同时提取出最大变形值 $D_{2\max}$ 和最大等效应力值 $\sigma_{2\mathrm{SEQV}}$。

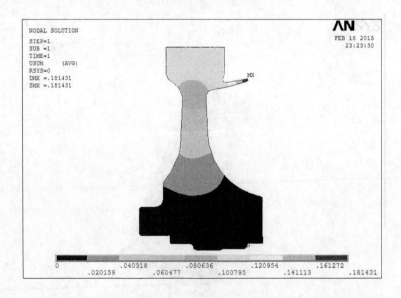

图 6.5　轮盘的变形分布

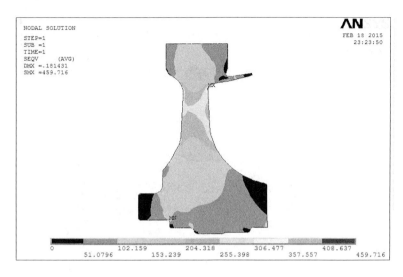

图 6.6　轮盘的应力分布

　　将轮盘的输入随机变量导入轮盘模型中，利用拉丁超立方体法获得 100 组样本点，将最大变形值 $D_{2\max}$ 和最大等效应力值 $\sigma_{2\mathrm{SEQV}}$ 分别作为输出变量。再将 $D_{2\max}$ 和 $\sigma_{2\mathrm{SEQV}}$ 及其对应的输入随机变量代入响应面模型中，求解出响应面的系数，得到响应面方程（式（6.19）和式（6.20））。

$$Y_{d2} = 1.8089\times10^{-1} + 2.6156\times10^{-3}\,\omega + 1.1457\times10^{-7}\,g + 2.641\times10^{-5}\,\omega^2$$
$$-\,8.199\times10^{-12}\,g\cdot\mathrm{EX} \tag{6.19}$$

$$Y_{s2} = 4.597\times10^2 - 1.9266\,\omega - 1.2466\times10^{-4}\,g - 1.9411\times10^{-2}\,\omega^2$$
$$-\,4.798\times10^{-7}\,\omega\cdot\rho - 8.5527\times10^{-7}\,\mathrm{EX}\cdot\omega \tag{6.20}$$

　　用蒙特卡罗法，对式（6.19）和式（6.20）同时进行 1 万次联动抽样，每次抽样的一组输入随机变量分别进行变形和应力计算，并判别是否失效，最后根据计算结果进行可靠性分析。

　　3. 可靠性分析

　　1）叶片计算结果分析

　　通过抽样可得到模拟样本、样本分布图和累积分布函数，如图 6.7～图 6.12 所示。当置信度为 0.95，叶片的变形和等效应力分布都服从正态分布，它们的均值和方差分别是 1.809×10^{-1}，2.59×10^{-3}，143.63，1.909。当最大许用变形值 $\delta=0.11\mathrm{mm}$ 时，Y_{d1} 的失效数是 16，失效概率为 0.0016，当许用应力 $\sigma=1.71\times10^2\mathrm{N/mm}^2$

时，Y_{s1} 的失效数是 21，失效概率为 0.0021，因此根据以上两种失效模式，叶片的可靠度为 0.9979。

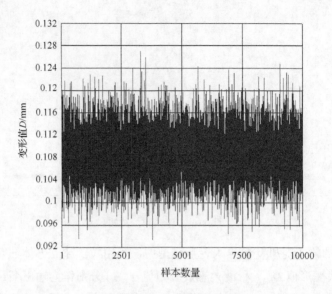

图 6.7　叶片变形模拟样本

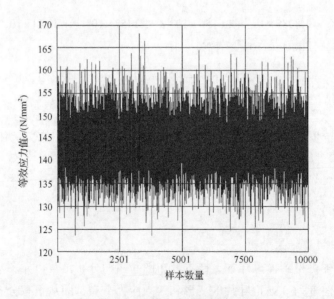

图 6.8　叶片应力模拟样本

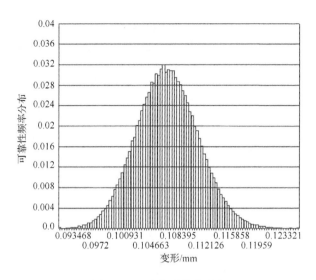

图 6.9 叶片变形样本分布

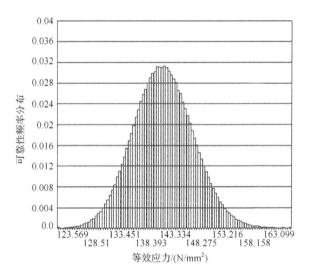

图 6.10 叶片应力样本分布

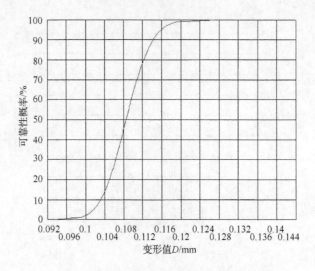

图 6.11 叶片变形的累积分布函数

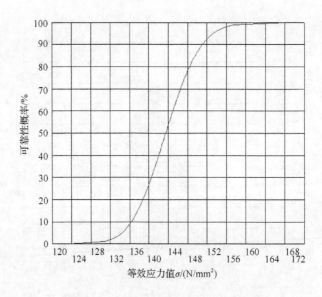

图 6.12 叶片应力的累积分布函数

2）轮盘计算结果分析

通过抽样可得到模拟样本、样本柱状图和累积分布函数，如图 6.13～图 6.18 所示。当置信区间的置信水平为 0.95，轮盘的变形和等效应力分布都服从正态分布，它们的平均值和方差分别是 1.0863×10^{-1}，4.338×10^{-3}，4.597×10^{2}，5.7452。当许用变形值 $\delta=0.19\text{mm}$ 时，Y_{d1} 的失效数是 5，失效概率为 0.0005，当许用应力

$\sigma = 4.65 \times 10^2 \text{N/mm}^2$ 时，Y_{s1} 的失效数是 16，失效概率为 0.0016，因此根据以上两种失效模式，叶片的可靠度为 0.9984。通过以上计算可知，轮盘-叶片结构的可靠度为 0.9979。

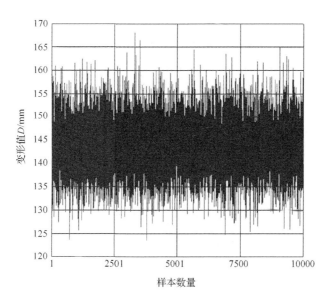

图 6.13 轮盘变形模拟样本

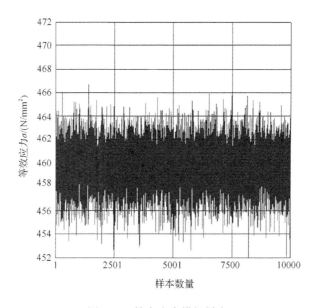

图 6.14 轮盘应力模拟样本

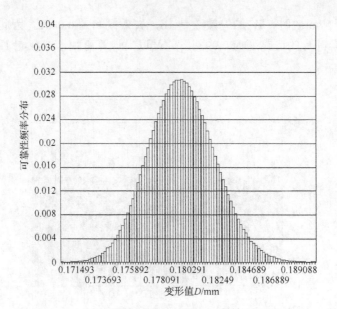

图 6.15　轮盘变形样本分布

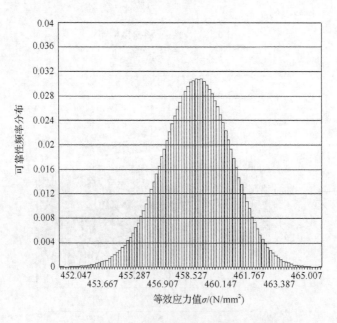

图 6.16　轮盘应力样本分布

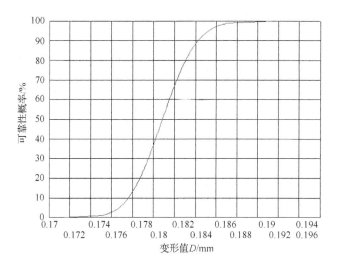

图 6.17 轮盘变形的累积分布函数

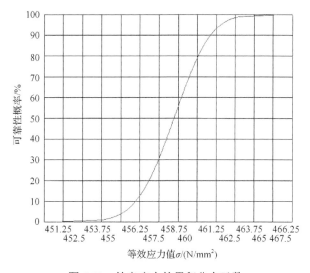

图 6.18 轮盘应力的累积分布函数

3）多重响应面法的有效性验证

为了验证 DRSM 的有效性和准确性，根据表 6.1 中随机变量的统计特征，用 MCM 和传统 RSM 计算叶片-轮盘的可靠性，并同 DRSM 的结果相比较。利用 DRSM，两种失效模式的输出响应可以同时计算，而 MCM 和传统 RSM 只能分别计算各自的失效模式，无法考虑到两者的失效相关性。在许用应力和许用变形的前提下，通过一万次抽样，用上述三种方法分别计算出可靠度并进行比较，见表 6.2。

表 6.2　三种方法可靠性结果比较

方法	时间 t/h	Y_d/m		Y_s/Pa	
		均值/m	精度/%	均值/m	精度/%
MCM	—	0.1099	100	170.8	100
RSM	31.9	0.1996	99.19	265.8	99.45
DRSM	0.24	0.1809	99.36	143.63	99.84

　　表 6.2 表明 DRSM 的效率和精度都高于其他两种方法,它的计算时间是 MCM 的上万倍,且精度比传统 RSM 要高,如果抽样次数更多,计算效率的优势会更显著。可见,DRSM 在确保精度的同时可以节约大量的时间。

7 耦合失效机械系统可靠性分析的遗传克里金-多重极值响应面法

为了更精确地进行系统可靠性分析，应考虑多构件、多学科、多输入变量、多失效模式以及构件与构件之间、各失效模式之间的相互耦合，同时减少计算工作量。本章将遗传算法优化的克里金（Kriging）模型与多重极值响应面法相结合，提出了一种耦合失效概率分析方法——遗传克里金-多重极值响应面法（genetic Kriging-multiple extremum response surface method，GK-MERSM），并以航空发动机涡轮叶盘为例，考虑材料高温疲劳-蠕变耦合作用，在热-结构耦合场下对多学科多构件多失效模式可靠性灵敏度进行研究[19]。

7.1 疲劳-蠕变耦合基本理论

以航空发动机材料 GH4133B 合金为研究对象，将试验材料制备成试件，加载不同波形，研究疲劳-蠕变耦合效应对损伤的影响，对通过试验获得的 23 组小样本数据进行统计分析，确定材料的疲劳参数和蠕变参数。

蠕变通常与温度、应力及保载时间有关，所以工程上常用 Larson-Milier 热强参数方程计算结构的蠕变持久寿命：

$$\begin{cases} \lg \sigma = a_0 + a_1 P + a_2 P^2 + a_3 P^3 \\ P = T\left(\lg t + 23.01\right) \times 10^{-5} \\ T = (9\theta/5 + 32) + 460 \end{cases} \qquad (7.1)$$

式中，t 为蠕变断裂时间；σ 为应力，MPa；T 为绝对温度，K；$a_0 = -2.300$，$a_1 = 32.651$，$a_2 = 57.578$，$a_3 = 21.485$；P 为 Larson-Milier（L-M）参数；θ 为相关系数。

疲劳寿命特性引入了 Morrow 平均应力修正公式：

$$\frac{\Delta \varepsilon}{2} = \frac{\sigma_f' - \sigma_m}{E}\left(2N_f\right)^b + \varepsilon_f'\left(2N_f\right)^c \qquad (7.2)$$

式中，c 为疲劳塑性指数；N_f 为循环寿命；E 为弹性模量；b 为疲劳强度指数；$\Delta\varepsilon/2$ 为应变幅；σ_f' 为疲劳强度系数；ε_f' 为疲劳塑性系数；σ_m 为平均应力。

材料损伤的本质是构成材料原子间的结合键在载荷作用下发生破坏，引起材料力学性能改变的现象。研究发现损伤主要有蠕变损伤、低周疲劳损伤、疲劳-蠕变耦合损伤等。工程上普遍应用传统参数关系法中的线性累积损伤理论预测高温疲劳-蠕变寿命，即假设损伤累积是一种简单的线性叠加过程，结合 Miner 疲劳损伤法则和蠕变损伤法则[20]，推广到疲劳-蠕变耦合寿命预测，其估算式为

$$D = D_c + D_f \tag{7.3}$$

式中，D 为总损伤；D_c 为蠕变损伤；D_f 为疲劳损伤。蠕变损伤和疲劳损伤的定义如下：

$$D_c = \sum_{i=1}^{n} \frac{t_{ic}}{T_{ic}} \tag{7.4}$$

$$D_f = \sum_{j}^{m} \frac{n_{jf}}{N_{jf}} \tag{7.5}$$

其中，n 为不同应力水平的数目；t_{ic} 为第 i 个载荷水平的蠕变保载时间；T_{ic} 为第 i 个载荷水平对应的蠕变持久寿命；n_{jf} 为第 j 个载荷水平的循环次数；N_{jf} 为第 j 个载荷水平的疲劳断裂寿命；m 为不同应力水平的数目。

为了准确测定材料的疲劳-蠕变交互作用寿命损耗评定曲线，引入了修正后的线性损伤累积理论，即疲劳-蠕变耦合时的总损伤不大于临界损伤。寿命估算表达式为

$$D_c + D_f \leqslant D_{cr} \tag{7.6}$$

式中，D_{cr} 为疲劳-蠕变耦合的损伤临界值。

在上述线性损伤累积理论基础上，Mao[21]提出了新的疲劳-蠕变特性函数如下：

$$D_f = f(D_c) = 2 - e^{\theta_1 D_c} + \frac{e^{\theta_1} - 2}{e^{-\theta_2} - 1}\left(e^{-\theta_2 D_c} - 1\right) \tag{7.7}$$

式中，θ_1 和 θ_2 为疲劳-蠕变特性函数的材料参数，由试验确定。

通过统计合金材料 GH4133B 在 600℃下疲劳-蠕变耦合作用试验数据，拟合出 GH4133B 在 600℃时参数：$\theta_1 = 0.36, \theta_2 = 6.5$。其函数曲线如图 7.1 所示。

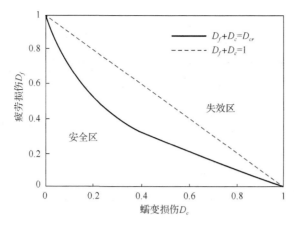

图 7.1　疲劳-蠕变函数关系图

7.2　耦合失效遗传克里金-多重极值响应面法

7.2.1　耦合失效遗传克里金-多重极值响应面法基本思想

为了研究多构件、多学科、多失效模式机械系统的可靠性，提出一种解决复杂环境下考虑多种判别模式失效相关性的动态可靠性分析方法。具体思想如下。

（1）构建叶片-轮盘三维模型，对模型划分网格。

（2）整理梯形波下的疲劳-蠕变试验数据，拟合疲劳-蠕变特性曲线，确定疲劳-蠕变耦合工况下的分析时域为[0, T]，确定影响疲劳-蠕变交互作用的随机变量，确定随机变量的分布类型、均值及标准差。

（3）模拟涡轮叶盘实际工况，高温和循环起落环境，在有限元软件中，根据热场和结构耦合，设置边界条件进行求解，获得应力及变形极值点，找到结构危险部位，求解疲劳-蠕变耦合损伤。

（4）用中心组合法获得小样本，计算应力、应变极值，以应力和应变为输入，用损伤及寿命公式计算疲劳-蠕变耦合损伤。

（5）以（4）提供的样本数据点为基础，利用遗传算法对克里金代理模型中相关参数 θ 进行优化，建立精确的克里金损伤极值响应面模型。

（6）采用蒙特卡罗法对输入随机变量大量抽样，代入已经建立的 GK-MERSM 模型，计算其综合可靠性。

（7）应用 MCM 验证 GK-MERSM 的精度，再与 MERSM 比较验证其高效性。GK-MERSM 的可靠性分析流程图如 7.2 所示。

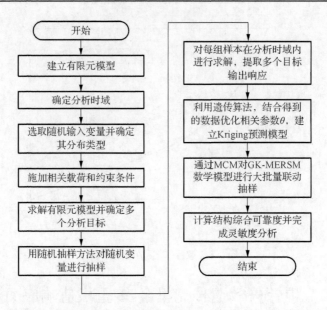

图 7.2　遗传克里金-多重极值响应面法的可靠性分析流程图

7.2.2　耦合失效遗传克里金-多重极值响应面法数学模型

假设所分析的结构有 m 个构件，每个构件有 n 学科，$m, n \in Z$。设组合结构的构件 i 输入随机向量为 X^i，构件 i 第 j 学科的输出响应为 y^{ij}，则 y^{ij} 与随机向量 X^i 的关系为

$$y^{ij} = f(X^i), \quad i = 1, 2, \cdots, m \tag{7.8}$$

将式（7.8）表达成全局近似和局部近似响应面函数的形式：

$$y^{ij} = A^{ij} + B^{ij} X^i + Z^{ij}(X^i) \tag{7.9}$$

式中，$Z^{ij}(X^i)$ 为构件 i 第 j 种失效模式的局部近似部分，表达式如下：

$$B^{ij} = \begin{pmatrix} b_1^{ij} & b_2^{ij} & \cdots & b_k^{ij} \end{pmatrix} \tag{7.10}$$

$$X^i = \begin{pmatrix} x_1^i & x_2^i & \cdots & x_k^i \end{pmatrix}^T \tag{7.11}$$

$$Z^{ij}(X^i) = r^T(X^i) R^{-1}(Y^{ij} - F^{ij}\beta) \tag{7.12}$$

式中，k 为随机输入变量的维数（下同）；$r^T(X^i)$ 为待测点 X 与样本数据之间的相关向量；Y^{ij} 为样本响应值；F 线性函数矩阵；β 回归系数和 $r^T(X^i)$ 如下：

$$\begin{cases} Y^{ij} = \begin{pmatrix} Y_1^{ij} & Y_2^{ij} & \cdots Y_{n_s}^{ij} \end{pmatrix} \\ \beta = (F^T R^{-1} F)^{-1} F^T R^{-1} Y^{ij} \\ r^T(X^{ij}) = \begin{pmatrix} R(X, X_1^{ij}) & R(X, X_2^{ij}) & \cdots & R(X, X_{n_s}^{ij}) \end{pmatrix}^T \end{cases} \tag{7.13}$$

式中，R 是以 $R(\theta,u_{ij},v_{ij})$ 为元素的 n_s 个样本（由拉丁超立方小批量抽样得到）之间的相关矩阵。$R(\theta,u_{ij},v_{ij})$ 是样本点中构件 i 第 j 种失效模式中任意两个样本点 u 和 v 的空间相关函数，它对模拟的精确度起着决定性作用，其函数形式如下：

$$R(\theta,u_{ij},v_{ij}) = \prod_{k=1}^{n} R_k\left(\theta,u_{ij}-v_{ij}\right) \tag{7.14}$$

常用的相关函数核函数如表 7.1 所示。

表 7.1 相关函数核函数基本形式

函数名称	函数形式
指数函数	$R_k(\theta,u_{ij}-v_{ij}) = \exp(-\theta_{ij}\|u_{ij}-v_{ij}\|)$
广义指数函数	$R_k(\theta,u_{ij}-v_{ij}) = \exp(-\theta_{ij}\|u_{ij}-v_{ij}\|^{\theta_{n+1}}), 0 < \theta_{n+1} \leqslant 2$
高斯函数	$R_k(\theta,u_{ij}-v_{ij}) = \exp(-\theta_{ij}\|u_{ij}-v_{ij}\|^2)$
线性函数	$R_k(\theta,u_{ij}-v_{ij}) = \max\{0,1-\theta_{ij}\|u_{ij}-v_{ij}\|\}$

鉴于 MATLAB Kriging 工具箱对参数 θ 寻优过程存在一定不足，其对初始数据太过依赖，初始样本变化将严重影响优化结果，与可靠性结合问题更突出。因此，用遗传算法工具箱优化参数 θ，其目标函数如式（7.15）所示。

$$\min \varphi(\theta_k) = |R(\theta_k)|^{\frac{1}{m}} \sigma(\theta_k)^2, \quad \theta_k > 0 \tag{7.15}$$

得到优化后的 θ，确定回归系数及相关矩阵，完成小样本基础上遗传优化的克里金多重极值响应面的建模，预测结构输出响应极值 $y_{\max}^{ij}$，建立结构耦合失效遗传优化的克里金-多重极值响应面极限状态方程函数：

$$G^{ij}(X^{ij}) = y_{\max}^{ij} - y^{ij}(X^{ij}) \tag{7.16}$$

7.2.3 耦合失效遗传克里金-多重极值响应面法的可靠性分析

多构件结构的耦合失效多重极值响应面数学模型形式与式（6.2）相同，耦合失效极限状态方程用 $G^{(i)}(X^{(i)})$ 表示。结构的耦合失效模式下，基于遗传算法优化的克里金-多重极限状态方程组成的状态函数随机向量表示为

$$G = \begin{pmatrix} G^{(1)} & G^{(2)} & \cdots & G^{(m)} \end{pmatrix}^{\mathrm{T}} \tag{7.17}$$

耦合失效遗传算法优化的克里金-多重极限状态方程均值为

$$\mu_{Z^{(i)}} = \begin{pmatrix} \mu_{Z^{(1)}} & \mu_{Z^{(2)}} & \cdots & \mu_{Z^{(m)}} \end{pmatrix} \tag{7.18}$$

耦合失效遗传算法优化的克里金-多重极限状态函数方差为

$$D_{Z^{(i)}} = \begin{pmatrix} D_{Z^{(1)}} & D_{Z^{(2)}} & \cdots & D_{Z^{(m)}} \end{pmatrix} \tag{7.19}$$

在复杂构件综合可靠性分析中，如果在众多失效模式中存在一种失效，即结构产生失效。设各失效模式事件为

$$E^{(i)} = G^{(i)}(X^{(i)}) \leqslant 0 \qquad (7.20)$$

结构的破坏事件为

$$E^{(1)} \bigcup E^{(2)} \bigcup \cdots \bigcup E^{(m)} \qquad (7.21)$$

结构失效概率为

$$p_f = P(E^{(1)} \bigcup E^{(2)} \bigcup \cdots \bigcup E^{(m)}) \qquad (7.22)$$

对于航空发动叶片-轮盘结构，设叶片疲劳-蠕变损伤寿命功能函数为 $G^{(1)}(X)$，轮盘结构疲劳-蠕变损伤寿命的功能函数为 $G^{(2)}(X)$，总损伤的函数为 G，如果 $G<0$ 则系统失效，$G=0$ 是安全和失效的极限状态，则疲劳-蠕变损伤寿命的失效概率计算式为

$$p_f = P\{G < 0\} \qquad (7.23)$$

7.3　算　　例

根据飞机的载荷谱及各飞行科目时间的统计[22]可知绝大多数科目的飞行时间为 33～55min。为了模拟航空发动机的实际工作状态，转速谱采用简化的梯形波，将飞机上升、保载、下降作为可靠性分析的研究流程，平均一次起落时间为 45min，（叶片-轮盘）材料选择航空材料 GH4133B，在相同材料参数条件下考虑转速和温度的动态性，完成有限元热-结构场耦合计算。其中一个起落循环的转速载荷谱如图 7.3 所示。

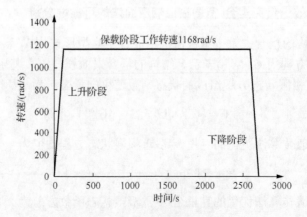

图 7.3　叶片-轮盘载荷谱

7.3.1 叶片-轮盘结构随机输入变量的选取

选取叶片-轮盘结构的转速 ω、叶尖温度 T_{1a}、叶根温度 T_{1b}、轮盘顶部温度 T_{2a}、轮盘轮心温度 T_{2b}、材料密度 ρ、材料弹性模量 E、热导率 λ、疲劳强度系数 σ_f'、疲劳强度指数 b、疲劳塑性系数 ε_f'、疲劳塑性指数 c 为疲劳-蠕变耦合分析的随机输入变量[23]，并假设其均服从正态分布且相互独立，如表 7.2 所示。

表 7.2 随机输入变量的选择

随机变量	分布类型	均值	标准差
转速 ω/（rad/s）	正态分布	1168	23.36
叶尖温度 T_{1a}/K	正态分布	1073	21.46
叶根温度 T_{1b}/K	正态分布	873	17.46
轮盘顶部温度 T_{2a}/K	正态分布	873	17.46
轮盘轮心温度 T_{2b}/K	正态分布	573	11 46
材料密度 ρ/（kg·m^3）	正态分布	8210	164.2
材料弹性模量 E/Pa	正态分布	1.63×10^{11}	3.26×10^9
热导率 λ［W/（m·℃）］	正态分布	23	0.46
疲劳强度系数 σ_f'/MPa	正态分布	1.419×10^9	2.838×10^7
疲劳强度指数 b	正态分布	-0.10	0.002
疲劳塑性系数 ε_f'	正态分布	50.50	1.01
疲劳塑性指数 c	正态分布	-0.84	0.0168

7.3.2 遗传克里金-多重极值响应面法的叶片-轮盘结构确定性分析

为简化问题，只考虑涡轮叶片和轮盘本身质量产生的离心载荷及其所受约束，选取单个叶片-轮盘结构为分析模型，对叶片和轮盘进行网格划分，采用六面体网格，叶片被划分为 5120 个单元，单轮盘被划分为 4613 个单元。叶片、轮盘的有限元网格模型如图 7.4 所示。

在对叶盘组件（叶片-轮盘）模型进行加载和约束完成热-结构耦合计算时，选用二次曲线计算温度分布，即

$$T = T_a + (T_b - T_a)\frac{R^2 - R_a^2}{R_b^2 - R_a^2} \tag{7.24}$$

式中，当模型为叶片时，T_a，T_b 分别表示叶尖和叶根处温度；R_a，R_b 分别表示叶尖和叶根处的半径；T 是相应于半径 R 处的温度；当模型为轮盘时，T_a，T_b 分别表示轮心和轮缘处温度，R_a，R_b 分别表示轮心和轮缘处的半径。

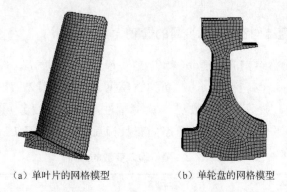

（a）单叶片的网格模型　　　　　（b）单轮盘的网格模型

图 7.4　单叶片和单轮盘的网格模型

　　稳态热计算后得到温度分布云图（图 7.5），在此温度映射下，考虑蠕变和循环载荷作用，得到额定转速下叶片的应变、应力，再将其结果加载到轮盘上，计算得到轮盘的应力和应变及其极值点的分布特性如图 7.6 所示。

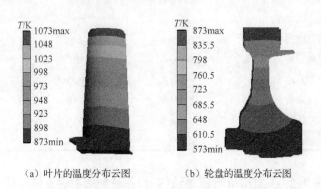

（a）叶片的温度分布云图　　　　　（b）轮盘的温度分布云图

图 7.5　叶片和轮盘的温度分布云图

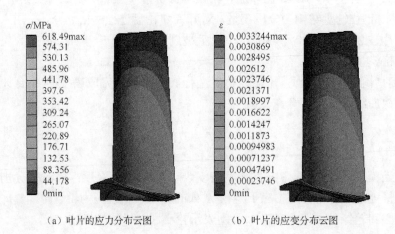

（a）叶片的应力分布云图　　　　　（b）叶片的应变分布云图

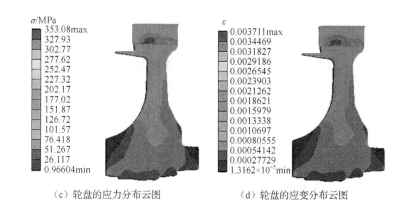

（c）轮盘的应力分布云图　　　　　　（d）轮盘的应变分布云图

图 7.6　叶片和轮盘的应力和应变分布云图

由图 7.6 可知，叶片的应变值和应力值最大位置分别位于叶根部位，轮盘的应变值和应力值最大位置位于凸缘部位，得到叶片-轮盘的危险点。

由式（7.4）计算出叶片-轮盘危险点单次飞行的蠕变损伤如表 7.3 所示。

表 7.3　考核点蠕变寿命及单次飞行蠕变损伤

叶片-轮盘危险点	危险点温度/K	单次飞行蠕变损伤
叶片	875.47	5.566×10^{-7}
轮盘	826.75	1.8671×10^{-8}

考虑了高温蠕变的影响，利用 Morrow 修正公式计算叶片-轮盘疲劳寿命及 1000 飞行小时总损伤，计算结果如表 7.4 所示。

表 7.4　考核点疲劳-蠕变总损伤

叶片-轮盘危险点	危险点温度/K	疲劳损伤	疲劳-蠕变总损伤
叶片	875.47	3.551×10^{-1}	7.4551×10^{-1}
轮盘	826.75	1.062×10^{-1}	4.5169×10^{-1}

7.3.3　遗传克里金-多重极值响应面法的叶片-轮盘结构数学模型

基于有限元结果，在分析时域内找到（叶片-轮盘）最大位置的应变和应力，在此基础上分别计算叶片、轮盘总损伤的最大值，建立耦合失效遗传算法优化的克里金-多重极值响应面数学模型。采用中心组合法对表 7.2 随机输入变量进行有限次抽样，获得叶片-轮盘最危险点的疲劳累积损伤和蠕变累积损伤，对叶片和叶盘使用相同的遗传参数搜索极大似然意义下的最优相关参数 θ，以 $\varphi(\theta)$ 为目标函数，初始种群同为 60，交叉概率为 0.6，变异概率为 0.03，迭代次数为 500，回归模型使用二项式回归函数，对样本点训练优化得到的相关参数 θ 如表 7.5 所示，优化过程如图 7.7 所示。再通过改编的 DACE-A Matlab Kriging Toolbox 程序获得输出响应，建立遗传优化的克里金-多重极值响应面模型如式（7.25）所示，得到关于回归系数 β、相关矩阵 R 和相关向量 γ。

表 7.5　叶片-轮盘相关参数

	叶片相关参数				轮盘相关参数		
θ_1	6.8698	θ_6	0.4741	θ_1	10.3955	θ_6	1.7135
θ_2	3.5037	θ_7	0.4565	θ_2	1.0406	θ_7	0.1016
θ_3	2.1251	θ_8	0.1776	θ_3	1.0347	θ_8	0.1131
θ_4	1.2889	θ_9	0.2108	θ_4	0.1051	θ_9	0.4235
θ_5	1.2590	θ_{10}	0.1000	θ_5	0.6295	θ_{10}	0.1005

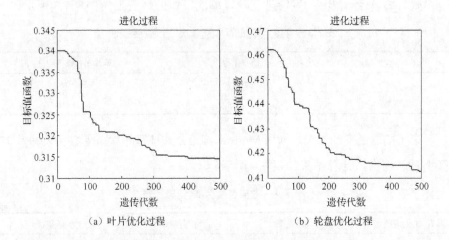

（a）叶片优化过程　　　　　　　（b）轮盘优化过程

图 7.7　叶片-轮盘遗传算法寻优过程

$$\begin{cases} D^{11} = 4.3695 \times 10^{-4} + 0.3189\rho + (-0.4161T_{1a}) + 0.1832T_{1b} \\ \qquad + 8.6396 \times 10^{-2}\omega + 0.6500E + (-0.8338\sigma'_f) + (-0.6839b) \\ \qquad + 9.1194 \times 10^{-2}\varepsilon'_f + 6.2642 \times 10^{-2}c + 0.8511\lambda + Z^{11}(X^{11}) \\ D^{21} = (-1.7210 \times 10^{-5}) + (-2.5914 \times 10^{-2}\rho) + 0.3081T_{2a} + 0.1421T_{2b} \\ \qquad + 0.5443\omega + (-9.4675 \times 10^{-2}E) + (-0.6499\sigma'_f) + 0.3517b \\ \qquad + (-0.3143\varepsilon'_f) + (-0.1607c) + (-0.1487\lambda) + Z^{21}(X^{21}) \end{cases} \quad (7.25)$$

式中，D^{11}、D^{21} 分别表示叶片-轮盘蠕变-疲劳耦合损伤。由于 $Z(X)$ 的计算公式冗长不便全部给出，只给出其部分数据运算基本向量和矩阵表达式。

$$\begin{cases} Y^{21} = (0.77283\ \ 0.76323\ \ 0.66750\ \ \cdots\ \ 0.53279\ \ 0.64135\ \ 0.53822) \\[6pt] \begin{aligned} \beta^{21} = (&-1.7210\times10^{-5}\ \ -2.5914\times10^{-2}\ \ 0.3081\ \ 0.1421\ \ 0.5443\ \ -9.4675\times10^{-2} \\ &-0.6499\ \ 0.3517\ \ -0.3143\ \ -0.1607\ \ -0.1487) \end{aligned} \\[6pt] R^{21} = \begin{pmatrix} 1.0000 & 0 & \cdots & 0 \\ 0 & 1.0000 & \cdots & 0 \\ \vdots & \vdots & & \vdots \\ 0 & 0 & \cdots & 0.9931 \end{pmatrix} \\[6pt] \gamma^{21} = (0.33448\ \ 0.14163\ \ 0.6469\ \ \ \cdots\ \ -0.7072\ \ -0.6299\ \ -0.6770) \end{cases}$$

$$(7.26)$$

7.3.4 遗传克里金-多重极值响应面法的叶片-轮盘结构可靠性分析

考虑到损伤的不确定性，假设叶片的疲劳-蠕变耦合损伤临界值为 $[D^{11}]\sim N(1,\ 0.02)$，轮盘的疲劳-蠕变耦合损伤临界值是 $[D^{21}]\sim N(0.9,\ 0.02)$，且服从正态分布。利用 MCM 对多构件结构的耦合失效遗传算法优化的克里金-多重极值响应面数学模型（式 7.25）进行 10^4 次并联抽样，计算出（叶片-轮盘）的疲劳-蠕变耦合总损伤抽样历史和频率分布，如图 7.8 和图 7.9 所示。在大批量蒙特卡罗模拟抽样的基础上，完成叶片-轮盘多构件结构疲劳-蠕变耦合失效的动态综合概率分析，如表 7.6 所示。

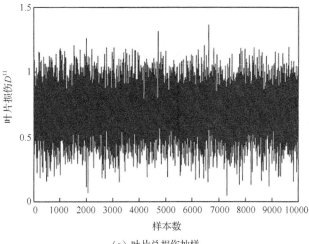

（a）叶片总损伤抽样

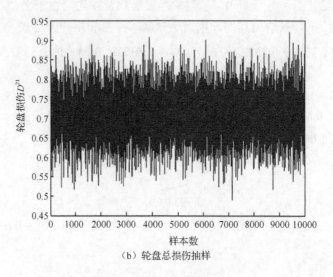

（b）轮盘总损伤抽样

图 7.8　叶片、轮盘的损伤抽样历史

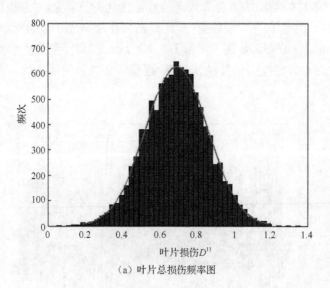

（a）叶片总损伤频率图

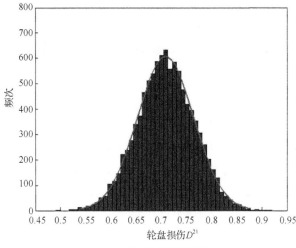

（b）轮盘总损伤频率图

图 7.9　叶片、轮盘的损伤频率分布

表 7.6　抽样数据统计

	均值	标准差	分布类型	失效个数	可靠度/%
叶片损伤 D^{11}	0.73	0.33	正态分布	248	97.56
轮盘损伤 D^{21}	0.71	0.12	正态分布	12	99.88
总失效	—	—	—	137	98.63

由表 7.6 可知，考虑疲劳-蠕变耦合情况下叶片-轮盘结构耦合失效的动态综合可靠度为 98.63%。

7.3.5　方法验证

选择表 7.2 中的输入参数，考虑疲劳-蠕变耦合效应，在有限元软件中施加相同边界条件，用 MCM、耦合失效 MERSM 和耦合失效 GK-MERSM 三种方法分别对涡轮叶片-轮盘结构进行可靠性分析，得到不同方法在不同抽样次数下的计算时间如表 7.7 所示。当叶片的临界疲劳-蠕变耦合损伤为 $[D^{11}]\sim N(1, 0.02)$，轮盘的临界疲劳-蠕变耦合损伤是 $[D^{21}]\sim N(0.9, 0.02)$ 时，计算获得 MCM、MERSM 和 GK-MERSM 的可靠度如表 7.8 所示。

表 7.7　叶片-轮盘三种方法的计算时间

方法	不同抽样次数的模拟时间/s			
	10^2	10^3	10^4	10^5
MCM	91152	191340	—	—
MERSM	20.34	22.17	37.00	55.69
GK-MERSM	12.23	14.13	17.55	30.53

表 7.8　叶片-轮盘三种方法可靠度　　　　　　　单位：%

抽样次数	MCM	MERSM	GK-MERSM
10^2	99	97	100
10^3	98.5	97.8	98.1
10^4	—	97.94	98.63
10^5	—	98.101	98.775

由表 7.7 可知，耦合失效 GK-MERSM 和耦合失效 MERSM 计算时间远少于 MCM，随着仿真次数的增加其计算效率提升越明显。

由表 7.8 可知，耦合失效 GK-MERSM 与 MCM 的计算精度基本保持一致而高于耦合失效 MERSM。耦合失效 GK-MERSM 还提高了多维输入对目标响应可靠度。

8 基于智能极值响应面法的动态可靠性分析

在机械系统动态可靠性分析中，其极限状态方程一般具有时变、强耦合、非线性、多变量等特点，这造成了可靠性分析计算量过大、计算精度难以得到保证等问题。

为了提高机械系统动态可靠性分析的精度和效率，本章将人工神经网络技术、粒子群优化算法与极值响应面法相结合，提出了动态可靠性分析的智能极值响应面法。该方法利用 MCM 抽取少量样本，经过网络训练建立智能极值响应面法（intelligent extremum response surface method, IERSM）数学模型，然后以柔性机械臂动态可靠性分析为例，以柔性机械臂材料密度、弹性模量、构件截面尺寸为输入随机变量，以构件变形为输出响应，将计算结果与用蒙特卡罗法、极值响应面法和智能极值响应面法进行动态可靠性仿真计算的结果相比较。结果表明：智能极值响应面法在保证计算精度的前提下，极大地提高了计算速度[24]。

8.1 智能极值响应面法

8.1.1 智能极值响应面法的基本思想

极值响应面法理论如第 3 章所述。将智能算法（如粒子群算法、误差逆传播算法（back propagation algorithm，BP）神经网络算法）与极值响应面法相结合的方法称为智能极值响应面法，该方法的基本思想如下[24-26]。

（1）首先，以机械系统的基本随机变量为 BP 人工神经网络（back propagation artificial neural networks, BP-ANN）的输入参数 x_j，动态极值响应 $y_{j,\max}(x_j)$ 为神经网络的输出响应，确定 BP-ANN 的各层神经元的个数，并选择各层之间的传递函数，建立起 BP-ANN 模型。

（2）然后，利用智能算子搜寻网络的初始最优权值、矩阵，将搜寻到的最优权值、矩阵赋予 BP-ANN 模型。

（3）最后，利用极值响应面理论确定训练样本，经过贝叶斯正则化训练后，建立起智能极值响应面模型，以该模型代替非线性极限状态函数计算在时域[0, T]内的动态极值响应。极值响应面模型如图 3.2 所示。

8.1.2　BP 神经网络模型

　　动态可靠性分析中的极限状态函数具有非线性和强耦合的特点，利用二次多项式函数拟合极限状态函数时，其拟合精度难以达到使用要求[12]。为了避免这一缺陷，需要采用具备较强拟合能力和较高拟合精度的人工神经网络来拟合极限状态函数。

　　BP-ANN 具有形状任意多变、较强适应性和精确拟合输入随机变量与输出极值响应量之间复杂函数的拟合能力。BP-ANN 拓扑模型如图 8.1 所示。

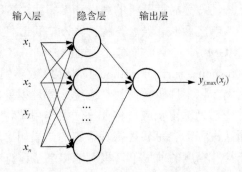

图 8.1　　BP-ANN 的拓扑模型

　　如 BP-ANN 拓扑模型所示，当 $x=(x_1\quad x_1\quad \cdots\quad x_n)$ 为输入随机变量，y 为输出极值响应时，输入随机变量 x_i 和输出极值响应 y 之间的函数关系为

$$y = f_2\left(\sum_{j=1}^{n} W_{jk} f_1\left(\sum_{i=1}^{m} W_{ij}x_i + b_j\right) + b_k\right) \tag{8.1}$$

式中，W_{jk} 为输入层神经元 j 到隐含层神经元 k 之间的连接权值；W_{ij} 为隐含层神经元 i 到输出层神经元 j 间的连接权值；b_j 为隐含层第 j 个阀值；b_k 为输出层第 k 个阀值；$f_1(\cdot)$ 为隐含层传递函数；$f_2(\cdot)$ 为输出层传递函数；m 为输入层神经元个数；n 为隐含层神经元个数。

　　为了避免一般训练算法易陷入局部最优、收敛不成熟等缺点，可采用强泛化能力的贝叶斯正则化算法（Bayesian regularization algorithm, BRA）作为网络训练算法。该算法通过改善网络的训练性能函数，使网络权值随训练误差减小而不断减小，最后得到的网络权值会变得很小。这相当于缩减网络规模，一定程度上克服过拟合问题，达到提高神经网络泛化能力的目的，其性能函数为

$$E = k_1 E_D + k_2 E_W \tag{8.2}$$

式中，k_1，k_2 是比例系数；E_D，E_W 的表达式为

$$
\begin{cases}
E_D = \dfrac{1}{2} \| \varepsilon(W^K + Z(W^{K+1} - W^K)) \|^2 + \lambda \| W^{K+1} - W^K \|^2 \\
E_W = \dfrac{1}{N} \sum_{j=1}^{N} w_j^2
\end{cases}
\tag{8.3}
$$

其中，w_j 是网络权值；ε 是期望输出误差函数；W 是网络各层的权值和阀值向量；K 是迭代次数；Z 是 ε 的雅可比矩阵；λ 是迭代变量。

8.1.3　粒子群优化算法搜寻网络初始最优权值和阀值

BP-ANN 模型以其计算效率高、自适应能力强的优点在数据处理、可靠性分析中得到了广泛应用。然而，传统的 BP-ANN 模型也有易陷入局部搜索和泛化能力较低的缺点。对于复杂机械系统的动态可靠性分析问题而言，传统 BP-ANN 难以达到满意的精度要求。

利用粒子群算子搜寻神经网络的初始最优权值和阀值，能够使 BP-ANN 模型有效地避免因网络不成熟收敛及陷入局部最优而造成的网络泛化能力降低等问题，从而提高 BP-ANN 模型的泛化能力和拟合精度。

利用粒子群优化（particle swarm optimization，PSO）算法搜寻神经网络初始最优权值和阀值的流程如下。

（1）首先，在搜索空间中初始化一群粒子，每个粒子都是一个潜在解，以神经网络的权值和阀值的字符串作为粒子的位置。

（2）然后，以训练误差函数为适应度函数，适应度越低的粒子越优秀，以最优粒子为指引，所有粒子在解空间内协作搜索，并通过跟踪粒子群的个体极值和群体极值来更新每个粒子的位置和速度。

（3）最后，选择最优粒子更新个体极值、群体极值位置，直到搜寻到最优解，即 BP-ANN 模型的初始最优权值和阀值。

粒子的位置及速度更新如下：

$$
\begin{cases}
V_{id}^{k+1} = w V_{id}^{k} + c_1 r_1 (P_{id}^{k} - X_{id}^{k}) + c_2 r_2 (P_{gd}^{k} - X_{id}^{k}) \\
X_{id}^{k+1} = X_{id}^{k} + V_{id}^{k+1}
\end{cases}
\tag{8.4}
$$

式中，w 为惯性权重；d 为搜索空间维数；i 为第 i 个粒子；k 为当前迭代次数；V_{id} 为当前粒子速度；X_{id} 为当前粒子位置；P_{id} 为当前个体极值；P_{gd} 为当前群体极值；c_1，c_2 为非负加速度因子；r_1，r_2 为[0,1]的随机数。

惯性权重 w 体现粒子对先前速度的继承程度。较大的 w 有利于全局搜索，而较小的 w 则更利于局部搜索。针对搜寻 BP-ANN 的初始权值和阀值的问题，为了

更好地平衡 PSO 算法在 BP-ANN 权值和阀值中的全局搜索与局部搜索能力，本节采用随迭代次数而变化的自适应惯性权重，如下：

$$w(t) = w_1 - (w_1 - w_2)t/T \tag{8.5}$$

式中，w_1 为初始惯性权重；w_2 为迭代至最大次数时的惯性权重；t 为当前迭代次数；T 为最大迭代次数。

从智能极值响应面法的基本思想可以看出，利用 BP-ANN 模型来拟合极值响应面，并以 PSO 算法搜寻网络最优权值和阀值，能够将复杂系统动态可靠性分析的高度非线性极限状态函数的计算问题转化为根据 IERSM 数学模型的数值计算问题，从而在保持计算精度的同时大幅提高计算效率。

8.2　基于智能极值响应面法的动态可靠性分析

8.2.1　机械动态可靠性的基本理论

机械动态可靠性[27]如前所述。设机构系统包含 n 个构件，在运动时域[0, T] 内，构件 i（$i=1, 2, \cdots, n$）的动态响应为 $S_i(x_i, t)$ 是一个复杂的随机过程，其中 x_i 为影响构件 i 动态响应对应的随机变量，$S_i(x_i, t)$ 为构件 i 在 t 时刻的动态响应[28]：

$$R_i(t) = P\{S_i(x_i, t) \leqslant [S_i]\} \tag{8.6}$$

将机构系统看作串联系统，则整个机构系统的可靠度为

$$R = \prod_{i=1}^{n} R_i \tag{8.7}$$

8.2.2　基于智能极值响应面法的动态可靠性分析流程

将智能算法（人工神经网络算法、粒子群优化算法）与极值响应面理论相结合的动态可靠性分析的智能极值响应面法，将粒子群优化算法的非线性搜索能力、神经网络的非线性拟合能力与极值响应面理论的简化计算能力有机地结合起来，在保持较高计算精度的同时提高了计算效率。基于 IERSM 动态可靠性分析的流程如下。

（1）根据复杂机械的特点，将综合模态理论与机械系统动力学理论相结合，建立其极限状态函数。

（2）根据极限状态函数抽取一定数量的样本作为训练数据，确定神经网络的各层节点数及各层之间的传递函数，建立起 BP-ANN 模型。

（3）以 BP-ANN 的权值和阀值为粒子位置，BP-ANN 的训练误差为适应度函数，建立粒子群搜索空间。

（4）初始化 PSO 算法搜索空间并计算粒子的初始适应度值，以粒子适应度值

为依据选择当前个体及群体的最优值，并根据速度位置更新公式更新当前粒子的位置和速度。

（5）判断更新后的群体最优个体是否达到设定要求，未达到要求则返回粒子群算子继续搜索，直到搜寻到最优解。

（6）将搜寻到的最优初始权值和阀值赋予 BP-ANN 模型。

（7）利用贝叶斯正则化算法训练 BP-ANN 模型，训练后的 BP-ANN 即为智能极值响应面模型。

（8）利用蒙特卡罗法对该模型抽样后得出输出响应值。与许用值比较后，得出系统及各构件的可靠度，完成动态可靠性分析。

基于 IERSM 动态可靠性分析的流程如图 8.2 所示。

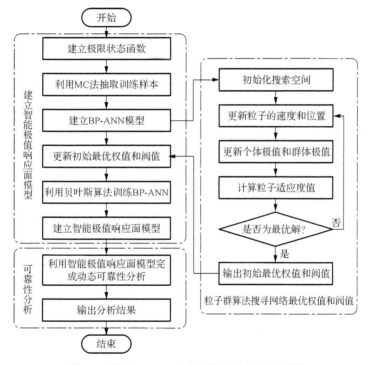

图 8.2 基于 IERSM 动态可靠性分析的流程图

8.3 算 例

8.3.1 问题描述

以双连杆柔性机械臂（two-link flexible robot manipulator, TFRM）动态可靠性分析为例，验证 IERSM 的可行性。TFRM 模型如图 4.6 所示，组成机械手臂的两构件均选用均质欧拉梁。假设构件端部为集中质量处，忽略转动惯量。加载位置位于构件 1 与构件 2 的连接处。构件 1、2 的长度分别为 l_1、l_2，质量分别为 M_1、M_2，传动力矩分别为 $\tau_1(t)$、$\tau_2(t)$。为了方便分析两构件各自的运动情况，在构件 1 上建立 x_1-y_1 局部移动坐标系，在构件 2 上建立 x_2-y_2 局部移动坐标系。y_1、y_2 分别代表构件 1、构件 2 的弹性变形。两局部坐标在平面内的旋转由 θ_1、θ_2 表示，如图 4.6 所示。

利用截断法和模态分析法求解两构件在各自局部坐标系下的弹性变形。构件的变形表达式如式（4.78）所示；构件弹性变形随时间变化，在局部坐标系中，两构件在 y 方向上的弹性变形分别是 $y_1(t, x_1)$ 和 $y_2(t, x_2)$ 如式（4.79）所示；广义坐标 $q(t)$ 如式（4.80）所示；根据拉格朗日动力学方程，得出 TFRM 的动力学方程如式（4.81）所示。

TFRM 的主要失效模式为变形失效，其动态强度一般不失效。因此，只对 TFRM 变形作可靠性分析[12]。

8.3.2　已知参数及随机变量信息

TFRM 的基本参数有质量 M，机械臂长度 L，传动力矩 τ，其大小如表 8.1 所示。选择密度 ρ，弹性模量 E，矩形截面尺寸 h、b 为随机变量。假设各随机变量均服从正态分布、彼此相互独立，其均值及标准差如表 8.2 所示。

表 8.1　构件 1 和构件 2 的基本参数

基本参数	构件 1	构件 2
M/kg	5.5	7.5
L/m	0.75	0.75
τ/（N·m）	$215\sin^3(2\pi t)-62$	$75\sin^3(2\pi t)+15$

表 8.2　构件 1 和构件 2 的随机变量

	随机变量	均值	标准差
	ρ/（kg/m³）	2067	10
	E/Pa	4.0875×10^9	2.0438×10^8
构件 1	h_1/m	0.06	0.04
	b_1/m	0.015	0.01
构件 2	h_2/m	0.04	0.0267
	b_2/m	0.01	0.0067

8.3.3　建立 IERSM 模型

利用蒙特卡罗法进行 100 次抽样，根据极限状态方程计算出样本中构件 1 和构件 2 的最大变形值。对得出的 100 个样本作归一化处理，将处理后的数据作为 BP-ANN 网络的训练样本。

根据经验公式（8.8），选定网络隐含层节点范围 k_i=2～9（i=1, 2 构件）。通过网络训练误差对比，选定隐含层节点个数 k_1=k_2=3，不同隐含层节点个数的网络训练误差如表 8.3 所示。

$$n = \sqrt{n_i + n_o} + a \qquad (8.8)$$

式中，n 为隐含层个数；n_i 为输入神经元个数；n_o 为输出神经元个数；a 为 1～10 之间的任意常数。

表 8.3　不同隐含层神经元个数的网络训练误差

神经元个数	构件 1 的误差	构件 2 的误差
2	0.12	0.17
3	0.10	0.16
4	0.13	0.16
5	0.13	0.17
6	0.12	0.19
7	0.20	0.18
8	0.22	0.20

根据输入随机变量和输出响应的个数，选择‘4-3-1’三层网络结构；输入层至隐含层、隐含层至输出层传递函数分别选用‘tansig’和‘purelin’；训练函数选用‘trainbr’，建立起 BP-ANN 模型。

取粒子维数 v=19，种群粒子数 N=40，经过 100 次迭代后，种群最优个体适应值变化曲线如图 8.3 所示。

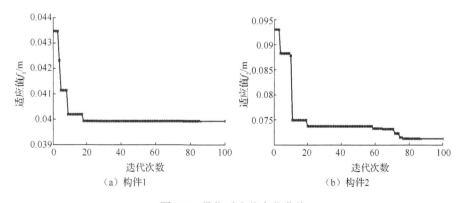

（a）构件1　　　　　　　（b）构件2

图 8.3　最优适应值变化曲线

　　将经过粒子群优化算法优化的网络权值和阀值赋给 BP-ANN 模型，经贝叶斯正则化算法训练后，得到智能极值响应面模型。

　　构件 1 权值和阀值如式（8.9）所示，构件 2 权值和阀值如式（8.10）所示。

$$\begin{cases} w_1 = \begin{pmatrix} 0.3189 & 0.3189 & 0.3189 & 0.3189 \\ 0.1539 & 0.1539 & 0.1539 & 0.1539 \\ 1.7788 & 1.7788 & 1.7788 & 1.7788 \end{pmatrix} \\ b_1 = \begin{pmatrix} -1.3159 \\ 0.5464 \\ 1.0812 \end{pmatrix} \\ w_2 = \begin{pmatrix} -0.3697 & 1.8757 & 0.0117 \end{pmatrix} \\ b_2 = \begin{pmatrix} 0.5153 \end{pmatrix} \end{cases} \tag{8.9}$$

$$\begin{cases} w_1 = \begin{pmatrix} -2.2581 & -2.2581 & -2.2581 & -2.2581 \\ 0.1191 & 0.1191 & 0.1191 & 0.1191 \\ -0.3772 & -0.3772 & -0.3772 & -0.3772 \end{pmatrix} \\ b_1 = \begin{pmatrix} 0.5115 \\ -0.4468 \\ -1.2628 \end{pmatrix} \\ w_2 = \begin{pmatrix} -0.0081 & -1.6267 & 0.6289 \end{pmatrix} \\ b_2 = \begin{pmatrix} -0.3359 \end{pmatrix} \end{cases} \tag{8.10}$$

8.3.4　可靠性分析

　　利用蒙特卡罗法对智能极值响应面进行 1000 次抽样，作反归一化处理后得出输出响应结果。两构件的最大变形曲线和最大变形分布情况如图 8.4 和图 8.5 所示。

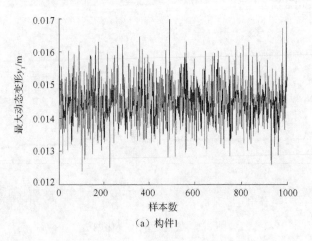

（a）构件1

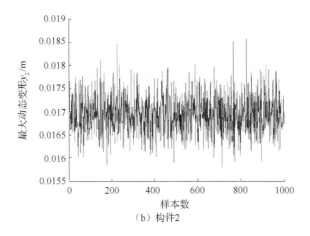

（b）构件2

图 8.4 构件中点最大变形

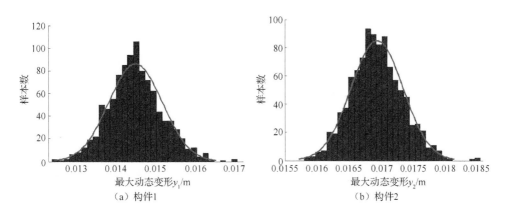

（a）构件1 （b）构件2

图 8.5 构件最大变形分布情况

假设许用变形为 1.8×10^{-2}m，利用式（8.6）和式（8.7）计算双连杆柔性机械臂各构件的可靠度，得出双连杆柔性机械臂的可靠性分析结果，如表 8.4 所示。

表 8.4 TFRM 的变形可靠性分析结果

变形	失效数	可靠度	$\mu/\times 10^{-3}$m	$\sigma/\times 10^{-3}$m	分布	t/s
构件 1	0	1	14.5	0.677	正态	0.126
构件 2	49	0.951	16.9	0.408	正态	0.158

注：表中 μ 为均值；σ 为标准差；t 为计算时间

由图 8.4 及图 8.5 所示，两构件的最大动态变形值大致服从正态分布，其中构件 1 服从均值为 1.45×10^{-2}m、标准差为 6.77×10^{-4}m 的正态分布，构件 2 服从均值为 1.69×10^{-2}m、标准差为 4.08×10^{-4}m 的正态分布。

由表 8.4 所示，构件 1 的可靠度为 1、构件 2 的可靠度为 0.951。TFRM 是一个连续性系统，系统刚度可靠度等于各构件可靠度的乘积，则 TRFM 的可靠度为 $P_y=P_{y1}\cdot P_{y2}=0.951$。

对两构件的智能极值响应面模型分别进行 1000 次联动抽样，花费的时间分别为 0.126s 及 0.158s。

8.3.5　方法验证

为了验证 IERSM 的有效性和可行性，在同等计算条件下，分别利用 MCM、ERSM 和 IERSM 对 TFRM 进行可靠性分析。计算时间和计算精度如表 8.5、表 8.6 所示。

表 8.5　三种方法计算 TFRM 可靠度所用的时间

方法	不同模拟次数下的计算时间/s			
	10^2	10^3	10^4	10^5
MCM	2.94×10^3	2.98×10^4	2.99×10^5	—
ERSM	0.36	0.59	1.68	125.28
IERSM	0.13	0.23	0.39	30.83

表 8.6　三种 TFRM 可靠性分析方法的计算精度

抽样次数	可靠度			精度/%	
	MCM	ERSM	IERSM	ERSM	IERSM
10^2	0.9700	0.9800	0.9700	99	100
10^3	0.9520	0.9610	0.9510	99.1	99.9
10^4	0.9865	0.9538	0.9865	96.7	100
10^5		0.9568	0.9611		

由表 8.5 所示，ERSM、IERSM 在计算时间上大大优于 MCM；随着仿真次数增加，IERSM 计算效率逐渐高于 ERSM。这说明所提出的结合了 BP-ANN、PSO 算法、极值响应面理论优势的 IERSM 在计算效率上优于二次多项式极值响应面法。

由表 8.6 所示，IERSM 的计算精度明显高于 ERSM，与 MCM 几乎保持一致，这说明结合了 BP-ANN、PSO 算法、极值响应面理论优势的 IERSM 在计算精度上优于二次多项式极值响应面法。

由以上结论可知，IERSM 在保证计算精度的同时，大幅提高了计算效率。

9　机械系统可靠性优化设计的粒子群-智能极值响应面法

如前所述，机械系统的可靠性优化设计是为了在满足可靠度要求的同时，尽量减少整个系统的使用材料或者尽量减轻系统重量。复杂机械系统的动力学方程一般是具有严重非线性、强耦合及时变等特点的二阶偏微分代数混合方程组，这使得机械系统的极限状态函数难以表示为具体的解析形式，当然也不能到解析解，因此利用求解动力学方程组来计算可靠度的方法难以解决机械系统的可靠性优化设计问题。本章将 PSO 算法与 IERSM 的优势结合，提出了高精度、高效率的 PSO-IERSM。首先，基于神经网络技术建立智能极值响应面函数，完成机械系统的可靠性及灵敏度分析；然后，以机械系统构件总截面面积、总体积或总质量的均值为目标函数，以可靠度及其他条件为约束，建立机械系统可靠性优化设计（reliability based design optimization, RBDO）数学模型；最后，以智能极值响应面函数代替机械系统复杂极限状态函数进行可靠度计算，利用 PSO 算法对 RBDO 数学模型进行求解。

本章以双连杆柔性机械臂系统 RBDO 为例，验证所提出的方法。优化设计结果显示：在保证系统可靠前提下，TFRM 的截面尺寸明显减小。通过方法比较表明：IERSM 在保证可靠度计算精度的前提下，提高了计算效率[29]。

9.1　机械系统可靠性优化模型

机械系统 RBDO 主要是用来解决机械系统在满足可靠度要求的同时，尽量减少使用材料的问题。由于在 RBDO 过程中优化所有的随机变量的计算量太大、计算效率太低，而且其中的一些随机变量对构件的失效概率影响很小，因此没有必要将所有随机变量都作为优化设计的目标。所以，为了提高可靠性优化设计的计算效率，仅以灵敏度值较大的随机变量作为设计变量，来建立起机械系统 RBDO 的数学模型。

9.1.1　计算灵敏度

灵敏度反映随机变量的变化对失效概率的影响程度，其大小为 RBDO 指定最优解的搜索方向，是 RBDO 的重要组成部分。利用 MCM[30]计算得到失效概率：

$$P_f = 1 - \Phi\left(\frac{\mu_g}{\sqrt{D_g}}\right) \tag{9.1}$$

式中，μ_g 为极限状态函数的均值矩阵；D_g 为极限状态函数的方差矩阵；$\Phi(\cdot)$ 为标准正态分布函数。

机械系统失效概率对输入随机变量均值矩阵的灵敏度为

$$\left(\frac{\partial P_f}{\partial \mu}\right)_i = E\left(\frac{\lambda\left(\mu_{ij} - \overline{\mu_i}\right)}{\overline{\sigma_i}^2}\right) \tag{9.2}$$

式中，

$$\lambda = \begin{cases} 1, & y_i \geq [y] \\ 0, & y_i < [y] \end{cases} \tag{9.3}$$

式中，$E(\cdot)$ 表示取均值；μ_{ij} 表示第 i 组输入变量对应的第 j 个数据；$\overline{\mu_i}$ 表示第 i 个输入变量的均值；$\overline{\sigma_i}^2$ 表示第 i 个输入变量的方差；y_i 为第 i 个输出响应；$[y]$ 为许用变形量。

将灵敏度值较大的输入随机变量作为可靠性优化的目标，能够为可靠性优化算法提供梯度信息，并可以达到提高可靠性优化设计效率的目的。

9.1.2　动态可靠性优化设计模型

机械系统 RBDO 的基本思想是：在可靠性指标的约束下，合理选择各构件的随机参数，从而使机械系统所使用的材料最少。其数学模型是以灵敏度高的随机变量为设计变量，机械系统所有构件的总截面面积、总体积或总质量为目标函数，可靠度及其他约束为约束条件而建立起来的。动态可靠性优化设计数学模型如式（9.4）所示。

$$\begin{cases} \min & E\left\{\sum_{i=1}^{m} f_i(X)\right\}, i = 1, 2, \cdots, m \\ \text{s.t.} & \prod_{j=1}^{n} R_j \geq R^0, j = 1, 2, \cdots, n \\ & a_u \leq X_u \leq b_u, u = 1, 2, \cdots, p \\ & g_l(X_l) = 0, l = 1, 2, \cdots, q \end{cases} \tag{9.4}$$

式中，$f_i(X)$ 为第 i 个目标函数；R_j 为第 j 个系统的可靠度；R^0 为系统许用可靠度；X_u 为第 u 个设计变量，a_u，b_u 为第 u 个设计变量 X_u 的上下边界；$g_l(X_l)$ 是第 l 个设计变量 X_l 应满足的等式约束条件。

9.2 粒子群-智能极值响应面法求解模型

9.2.1 PSO-IERSM 基本思想

1. PSO 算法求解

利用 PSO 算法求解该非线性优化模型。求解过程中需要对不满足设定约束条件的粒子进行调整，使其满足约束条件。粒子调整方法如式（9.5）所示。若粒子 X_i 不满足设定约束条件，则对粒子第 j 位进行调整。

$$\begin{cases} X_{ij} = X_{ij} - 1, & \text{rand} < 0.5 \\ X_{ij} = X_{ij} + 1, & \text{rand} \geqslant 0.5 \end{cases} \tag{9.5}$$

式中，rand 表示[0,1]的任意随机数。

2. IERSM 计算可靠度

此模型在优化求解过程中需要多次计算系统可靠度，利用蒙特卡罗法计算可靠度虽然精度较高，但其计算量非常庞大，其计算任务几乎不可能完成。针对这一问题，许多学者利用一次二阶矩法、响应面法等数值模拟计算方法计算系统的可靠度。这些方法虽然部分解决了计算效率的问题，但是其计算可靠度的精度较低，降低了优化结果的精度。

为了提高机械系统可靠性优化设计的计算效率和精度，本节利用 IERSM 计算可靠度。第 3 章已经证明该方法在保证可靠度计算精度的同时能够大大减少计算量，从而提高可靠度的计算效率。

将 PSO 算法和 IERSM 进行结合，利用 IERSM 计算可靠度、PSO 算法求解优化模型，能够在保持计算精度的同时有效地提高计算效率。

9.2.2 基于 PSO-IERSM 的可靠性优化设计流程

为了提高机械系统 RBDO 的精度和效率，本节在建立高精度智能极值响应面模型的基础上，利用 PSO 算法对可靠性优化模型进行优化求解。这种方法可称为可靠性优化的 PSO-IERSM。

该方法在 IERSM 基础上，利用 MCM 得到柔性机构各输入变量的灵敏度，以灵敏度信息为指引，建立柔性机构的可靠性优化模型，并以带约束的 PSO 算法对 RBDO 模型进行求解。

PSO-IERSM 将 PSO 算法的非线性搜索能力、BP-ANN 的非线性拟合能力与极值响应面理论的简化计算能力有机地结合起来，在保持计算精度的同时有效提高了计算效率。

基于 PSO-IERSM 的机械系统动态可靠性分析的流程如下。

（1）根据复杂机械的特点，将综合模态理论与多柔体系统动力学理论相结合，建立其极限状态函数。

（2）根据极限状态函数抽取一定数量的样本作为训练数据，确定神经网络的各层节点数及各层之间的传递函数，建立起 BP-ANN 模型。

（3）利用 PSO 算法搜寻网络初始最优权值和阀值，并将其赋予 BP-ANN 模型。利用贝叶斯正则化算法训练 BP-ANN 模型，训练后的 BP-ANN 即为智能极值响应面模型。

（4）利用蒙特卡罗法对该模型抽样后得出输出响应值。与许用值比较后，得出系统及各构件的可靠度，并计算各输入随机变量的灵敏度。

（5）以所有构件的总截面面积、总体积或总质量为适应度函数，高灵敏度的随机变量为设计变量，可靠度及尺寸约束为约束条件，建立 RBDO 模型。

（6）初始化 PSO 算法并计算粒子适应值，根据 PSO 算法位置、速度更新公式更新各粒子的速度和位置。

（7）对不满足约束条件的粒子进行调整，判断调整后的粒子是否达到优化设定要求，未达到要求则返回 PSO 算法继续搜索，直到搜寻到最优解。

基于 PSO-IERSM 的机械系统 RBDO 流程如图 9.1 所示。

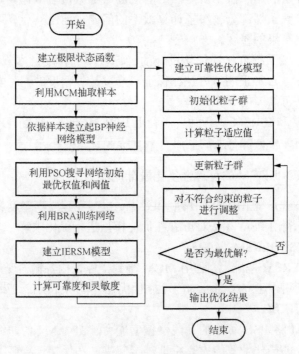

图 9.1　基于 PSO-IERSM 的机械系统 RBDO 流程图

9.3 算　例

9.3.1 智能极值响应面模型建立

TFRM 系统的动力学方程、基本参数和随机变量详见 4.4 节，在此不再重复。

在随机变量方差范围内，以 MCM 抽取 100 组输入数据，并根据极限状态函数计算出构件 1 和构件 2 的最大变形值作为输出响应。将归一化处理后的数据作为 BP-ANN 的训练样本。

首先，选用 '4-3-1' 的三层 BP-ANN 结构，输入层至隐含层、隐含层至输出层传递函数分别选用 "tansig" 和 "purelin"；训练函数选用 "trainbr"。

其次，利用 PSO 算法搜寻网络初始最优权值和阀值。粒子维数 v 取权值与阀值的总个数，即 $v=19$，取群粒子数 $N=40$。

再次，将初始最优权值和阀值赋予 BP-ANN 模型。选取学习速率、训练误差分别为 0.1、10^{-5}。

最后，经贝叶斯正则化算法训练后，得到智能极值响应面模型。两构件 IERSM 的权值和阀值分别如式（9.6）和式（9.7）所示。

构件 1：

$$\begin{cases} w_1 = \begin{pmatrix} 0.3189 & 0.3189 & 0.3189 & 0.3189 \\ 0.1539 & 0.1539 & 0.1539 & 0.1539 \\ 1.7788 & 1.7788 & 1.7788 & 1.7788 \end{pmatrix} \\ b_1 = \begin{pmatrix} -1.3159 \\ 0.5464 \\ 1.0812 \end{pmatrix} \\ w_2 = \begin{pmatrix} -0.3697 & 1.8757 & 0.0117 \end{pmatrix} \\ b_2 = \begin{pmatrix} 0.5153 \end{pmatrix} \end{cases} \tag{9.6}$$

构件 2：

$$\begin{cases} w_1 = \begin{pmatrix} -2.2581 & -2.2581 & -2.2581 & -2.2581 \\ 0.1191 & 0.1191 & 0.1191 & 0.1191 \\ -0.3772 & -0.3772 & -0.3772 & -0.3772 \end{pmatrix} \\ b_1 = \begin{pmatrix} 0.5115 \\ -0.4468 \\ -1.2628 \end{pmatrix} \\ w_2 = \begin{pmatrix} -0.0081 & -1.6267 & 0.6289 \end{pmatrix} \\ b_2 = \begin{pmatrix} -0.3359 \end{pmatrix} \end{cases} \tag{9.7}$$

9.3.2　计算灵敏度

经过可靠性及灵敏度分析，得出构件 1 刚度不失效，各输入变量对失效概率的灵敏度均为 0；构件 2 输入变量的可靠性及灵敏度分析结果如式（9.8）及图 9.2 所示（灵敏度分析公式推导见 12 章式（12.13）和式（12.14））。可见截面尺寸对构件 2 的影响最大，在 99%以上。因此，需要对构件的截面尺寸进行优化设计。

$$
\begin{aligned}
\left(\frac{\partial R}{\partial \xi^{\mathrm{T}}}\right) &= \left(\begin{array}{cccc} \dfrac{\partial R}{\partial h_2} & \dfrac{\partial R}{\partial b_2} & \dfrac{\partial R}{\partial \rho} & \dfrac{\partial R}{\partial E} \end{array}\right)^{\mathrm{T}} \\
&= \left(\begin{array}{cccc} -444.78 & -863.39 & 4.97\times10^{-4} & 4.59\times10^{-10} \end{array}\right)^{\mathrm{T}}
\end{aligned}
\tag{9.8}
$$

式中，h_2 为截面高度；b_2 为截面宽度；E 为弹性模量；ρ 为材料密度。

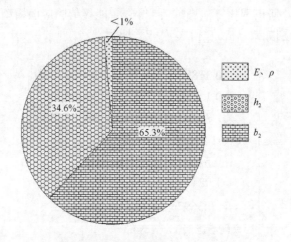

图 9.2　柔性机械臂构件 2 的灵敏度

9.3.3　可靠性优化设计模型建立

要求在许用挠度均值为 0.018m、方差为 0.00036m 时，系统可靠度为 0.953 的情况下，使得柔性机构的总截面面积最小，设计各 TFRM 构件的截面尺寸；以 TFRM 截面面积为目标函数，以系统刚度可靠度 R_s 为约束条件，建立 TFRM 可靠性优化设计数学模型[14]。

TFRM 的 RBDO 数学模型如式（9.9）所示。

$$
\begin{cases}
\min & E\left\{\sum_{i=1}^{2} h_i b_i\right\} \\
\text{s.t.} & R_1 \times R_2 \geqslant R^0 \\
& h_1 = 4b_1 \\
& h_2 = 4b_2 \\
& 0.014 \leqslant b_1 \leqslant 0.016 \\
& 0.009 \leqslant b_2 \leqslant 0.011
\end{cases}
\tag{9.9}
$$

式中，$E(\cdot)$ 表示取均值；h_i，b_i 分别为构件 i 矩形截面的长度和宽度；R_1，R_2 分别为构件 1、构件 2 的可靠度；R^0 为系统许用可靠度。

9.3.4 求解模型

取优化解个数即粒子维数 $v=4$、种群粒子数 $N=40$ 的 PSO 算法求解该数学模型，经 100 次迭代后，种群最优个体适应值变化曲线如图 9.3 所示。

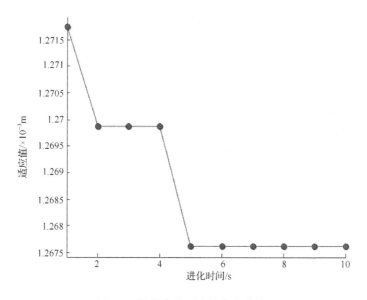

图 9.3 最优个体适应值变化曲线

优化后的柔性机械臂总截面面积为 1267.42mm²；构件 1 的截面面积为 841mm²，其中矩形截面长为 58mm，宽为 14.5mm；构件 2 的截面面积为 426.42mm²，其中矩形截面长为 41.4mm，宽为 10.3mm。

9.3.5　方法验证

利用 MCM 抽样 1000 次，不同 TFRM 可靠度计算方法所需计算时间与计算精度如表 9.1 所示。各优化方法的优化结果如表 9.2 所示。

表 9.1　不同方法的计算时间与计算精度

方法	计算时间/s	计算精度/%
MCM	2.982×10^4	100
ERSM	0.594 1	99.1
IERSM	0.230 3	99.9

表 9.2　不同方法优化结果比较

方法	h_1/mm	b_1/mm	h_2/mm	b_2/mm	A_1/mm^2	A_2/mm^2	A/mm^2
原始数据	60	15	40	10	900	400	1300
一次二阶矩法	59.97	14.99	39.91	9.98	898.95	398.30	1297.25
分解协调法	59.67	14.92	40.01	10.00	890.28	400.10	1290.38
PSO-IERSM	58.00	14.50	41.40	10.30	841	426.42	1267.42

由表 9.1 中可知，ERSM 和 IERSM 这两种方法在计算时间上大大少于 MCM，而且 IERSM 计算效率最高；在计算精度方面，IERSM 比 ERSM 高 0.8%，与 MCM 几乎保持一致。

由表 9.2 中可以发现，利用 PSO-IERSM 优化后的截面尺寸比原始数据小得多，比一次二阶矩法优化后的截面尺寸小 29.83 mm^2，比分解协调法优化后的截面尺寸小 22.96 mm^2。PSO-IERSM 在满足 TFRM 系统可靠度要求的同时，构件 1 可靠度余量较大，截面面积有所减少，构件 2 可靠度余量较小，截面面积有所增加，总截面面积减少。

因此，PSO-IERSM 是一种高精度、高效率的可靠性优化设计方法。

10　基于智能多重响应面法的多失效模式
结构可靠性分析

针对多重失效模式可靠性分析的多重响应面法的原理如前几章所述。其数学模型就是前面提出的多重响应面法，也就是利用二次多项式函数来构建响应面模型。然而，对于非线性程度大大增加的复杂机械可靠性分析（如柔性机械臂动态可靠性分析、涡轮叶盘结构可靠性分析等），二次多项式拟合误差比较大，难以达到满意的精度要求。

由于 BP-ANN 模型具有形状任意、多变及强自适应性，并能够精确拟合自变量与响应量之间复杂的函数关系的特点，本章用具有智能的 BP-ANN 模型构建智能多重响应面模型，代替多失效模式下复杂极限状态函数进行结构可靠度的计算，以提高多失效模式结构可靠性分析的计算效率和精度[25]，即所提出的智能多重响应面法（intelligent multiple response surface method, IMRSM）。其中，智能单响应面法、智能双重响应面法、智能三重响应面模法分别表示为 IRSM-1、IRSM-2 及 IRSM-3。

10.1　智能多重响应面法

10.1.1　IMRSM 模型

由式（6.2）可以将 MRSM 数学模型表示为如下：

$$y^{(p)} = a^{(p)} + \sum_{j=1}^{k} b_j^{(p)} x_j^{(p)} + \sum_{j=1}^{k} c_j^{(p)} (x_j^{(p)})^2 \tag{10.1}$$

式中，$y^{(p)}$ 为第 p 个输出响应；$x_j^{(p)}$ 为第 p 个输出目标自变量 x 的第 j 个分量；$a^{(p)}$ 为常数项待定系数；$b_j^{(p)}$ 为一次项待定系数；$c_j^{(p)}$ 为二次项待定系数。

针对具有多种失效模式的结构可靠性分析的多重响应面法以及相应的数学模型如前所述。响应量 y 与自变量 x_i 之间的映射关系如下：

$$y = f_2(\sum_{j=1}^{n} W_{jk} f_1(\sum_{i=1}^{m} W_{ij} x_i + b_j) + b_k) \tag{10.2}$$

式中，W_{jk} 为输入层节点 j 到隐含层神经元 k 之间的连接权值；b_j 为隐含层第 j 个阀值；W_{ij} 为隐含层神经元 i 到输出层神经元 k 间的连接权值；b_k 为输出层阀值；

$f_1(\cdot)$ 为隐含层传递函数；$f_2(\cdot)$ 为输出层传递函数；m 为输入层节点个数；n 为隐含层节点个数。

对每个失效模式分别建立智能响应面模型，得出智能多重响应面模型。该模型如下：

$$
\begin{cases}
y^{(1)} &= f_2^{(1)}\left(\sum_{j=1}^{n} W_{jk}^{(1)} f_1^{(1)}\left(\sum_{i=1}^{m} W_{ij}^{(1)} x_i^{(1)} + b_j^{(1)}\right) + b_k^{(1)}\right) \\
y^{(2)} &= f_2^{(2)}\left(\sum_{j=1}^{n} W_{jk}^{(2)} f_1^{(2)}\left(\sum_{i=1}^{m} W_{ij}^{(2)} x_i^{(2)} + b_j^{(2)}\right) + b_k^{(2)}\right) \\
&\ \ \vdots \\
y^{(p)} &= f_2^{(p)}\left(\sum_{j=1}^{n} W_{jk}^{(p)} f_1^{(p)}\left(\sum_{i=1}^{m} W_{ij}^{(p)} x_i^{(p)} + b_j^{(p)}\right) + b_k^{(p)}\right)
\end{cases}
\tag{10.3}
$$

式中，$W_{jk}^{(p)}$ 为第 p 重模型的输入层节点 j 到隐含层神经元 k 之间的连接权值；$b_j^{(p)}$ 为第 p 重模型的隐含层第 j 个阀值；$W_{ij}^{(p)}$ 为第 p 重模型的隐含层神经元 i 到输出层节点 k 间的连接权值；$b_k^{(p)}$ 为第 p 重模型的输出层阀值；$f_1^{(p)}(\cdot)$ 为第 p 重模型隐含层的传递函数；$f_2^{(p)}(\cdot)$ 为第 p 重模型输出层的传递函数；m 为输入层节点个数；n 为隐含层节点个数；$y^{(p)}$ 为第 p 重模型的输出响应；$x_i^{(p)}$ 为第 p 重模型中自变量 x 的第 j 个分量。

10.1.2　提高 IMRSM 模型精度的措施

利用 BP-ANN 模型构建的 IMRSM 模型可以大幅提高可靠度的计算效率。然而，在计算精度方面，由于 BP-ANN 模型存在逼近精度低及泛化能力差等问题，导致 IMRSM 模型难以达到复杂结构可靠性分析的精度要求。本章利用 PSO 对 BP-ANN 模型搜寻初始最优权值和阀值，以达到提高 IMRSM 模型计算精度的目的。

IMRSM 模型中包括多重 BP-ANN 模型，若对每个 BP-ANN 模型的初始最优权值和阀值都进行寻优，则需要建立多重粒子群优化算法，利用粒子群优化算法分别对 BP-ANN 模型进行初始权值和阀值寻优。

该算法首先确定粒子个数，并在搜索空间中初始化每个粒子。其中，每个粒子都是一个潜在解，所有粒子跟踪当前最优粒子在解空间搜寻最优解，并通过更新个体极值和群体极值更新个体位置。选择更优粒子更新个体极值、群体极值位置，直到搜寻到最优解。粒子位置、速度更新公式如下：

$$
\begin{cases}
V_{ij}^{k+1} = w_j(k) V_{ij}^{k} + c_1 r_1 (P_{ij}^{k} - X_{ij}^{k}) + c_2 r_2 (P_{gj}^{k} - X_{ij}^{k}) \\
X_{ij}^{k+1} = X_{ij}^{k} + V_{ij}^{k+1}
\end{cases}
\tag{10.4}
$$

式中，

$$
w_j(k) = w_0 - (w_0 - w_K) k_j / K_j \tag{10.5}
$$

其中，i 表示第 i 个粒子；j 表示第 j 重粒子群；k 为当前迭代次数；K 为最大迭代次数；V_{ij} 为第 j 重粒子群中第 i 个粒子的速度；X_{ij} 为第 j 重粒子群中第 i 个粒子的位置；P_{ij} 为第 j 重粒子群中第 i 个粒子的个体极值；P_{gj} 为第 j 重粒子群的群体极值；c_1，c_2 是非负加速度因子；r_1、r_2 是[0,1]的随机数；$w_j(k)$ 为第 j 重粒子群第 k 次迭代时的惯性权重；w_0 为初始惯性权重；w_K 为达到最大迭代次数 K 时的惯性权重。

10.2 基于 IMRSM 模型的多失效模式可靠性分析方法

10.2.1 多失效模式可靠性分析

设机械结构具有 n 个失效模式，第 $i(i=1, 2, \cdots, n)$ 失效模式下的响应为 $S_i(X)$，$S_i(X)$ 是一个复杂的随机过程，其中，X 为结构系统的输入随机向量，如果该失效模式下许用值为 $[S_i]$，该失效模式下得出的输出响应总个数为 q，符合安全条件的响应个数为 p_i，则，在失效模式 i 下结构系统的可靠度为

$$R_i = P\left\{S_i\left(X\right) \leqslant [S_i]\right\} = \frac{p_i}{q} \tag{10.6}$$

该多种失效模式系统的总响应个数为 q，符合许用条件的响应个数为 p，则结构的总可靠度为

$$R = P\left\{\bigcup_{i=1}^{n}\left[S_i\left(X\right) \leqslant [S_i]\right]\right\} = \frac{p}{q} \tag{10.7}$$

10.2.2 基于 IMRSM 模型的多失效模式结构可靠性分析

为了提高复杂结构多失效模式下的可靠性分析效率和精度，本节将 BP-ANN 算法、PSO 等智能算法与响应面相结合，提出了多失效模式结构可靠性分析的 IMRSM。

该方法利用具有高效率映射的 BP-ANN 模型构建智能多重响应面模型，并通过 PSO 算法搜索 BP-ANN 的最优初始权值和阀值来提高该模型的计算精度，然后利用贝叶斯正则化算法训练网络模型最终得出高精度、高效率的智能多重响应面模型。我们将这种方法称为多种失效模式下结构可靠性分析的 IMRSM。其基本思想如下。

（1）合理选取 BP-ANN 相关参数，建立结构有限元模型（finite element model, FEM）。

（2）以复杂结构的相关参数为输入随机变量，以径向变形和应力等失效模式下的响应为输出响应，构建 BP-ANN 模型。

（3）通过多次有限元模型计算，抽取一定数量的样本作为训练数据，分别输入多种失效模式下的 BP-ANN 模型，确定神经网络的隐含层神经元数。

（4）利用 PSO 算法对多重 BP-ANN 模型分别搜寻网络初始权值及阀值。经过 PSO 算子的自适应搜索，得到网络最优初始权值及阀值，并将寻优结果赋予各个 BP-ANN 网络模型。

（5）利用贝叶斯正则化算法对网络进行训练，确定 BP 网络的权值及阀值，训练后的多重 BP-ANN 即为智能多重响应面模型。

（6）利用 MCM 对该智能多重响应面联动抽样后得出输出响应值，基于可靠度的计算方法，完成具体可靠性分析。

基于 IMRSM 的多失效模式结构可靠性分析的流程如图 10.1 所示。

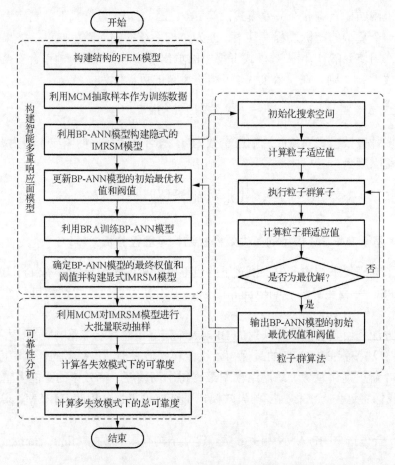

图 10.1　基于 IMRSM 的多失效模式结构可靠性分析的流程图

10.3 算　例

10.3.1 问题描述

航空燃气涡轮发动机工作环境非常复杂，其涡轮叶盘不仅受到主燃烧室高温气流的影响，还受到自身转速的影响。而考虑流体流动、热量传递和结构中基本变量同时耦合求解非常困难和复杂。为了尽量反映真实的工作状况并使得计算简化，本例采用松弛耦合法对叶盘进行流-热-固耦合进行确定性分析，即将流-热-固耦合系统分解为流体、传热和结构子系统并在各子系统间建立耦合传递并依次进行分析。

以某航空发动机的涡轮叶盘为例，在考虑流-热-固耦合作用下，对其进行确定性分析。叶盘选用某镍合金材料，设定进口流速为 160m/s，进口压力为 0.6MPa，温度为 1150K，转速为 1168rad/s。叶盘结构的单元数为 34875，节点数为 68678。叶盘结构网格模型如图 10.2 所示。

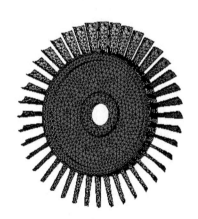

图 10.2　叶盘结构网格模型

10.3.2 流-热-固耦合分析

1. 叶盘的流体分析

在流体分析中，建立直径为 1.2m、长为 2m 的圆柱区域为叶盘模型的流场。划分叶盘流场区域的网格，如图 10.3 所示。流场内的单元数为 598428，节点数为 842703。结合有限元体积法及标准 k-ε 湍流模型对涡轮叶盘进行流场模拟分析，得到叶盘表面静压分布，如图 10.4 所示。

图 10.3　叶盘的流场网格模型

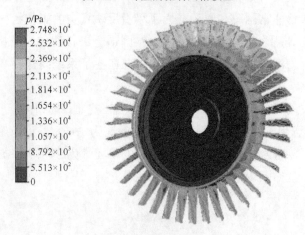

图 10.4　叶盘表面静压分布

2. 叶盘的热分析

高速气流流经主燃烧室后使其温度上升，并作用于叶盘结构，高温流体通过对流传热将热载荷传递至叶盘表面。叶盘温度分布如图 10.5 所示。

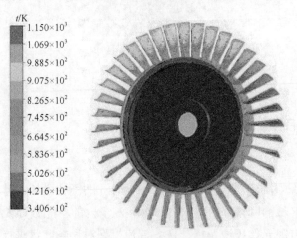

图 10.5　叶盘温度分布

3. 叶盘的结构分析

在叶盘结构分析中，首先设置叶盘材料及转速等基本参数。然后，将流体压力载荷导入叶盘流固交界面，温度载荷导入叶盘热固交界面，达成流-热-固耦合分析的效果。最后，在流体压力、热应力和离心力作用下，对叶盘进行径向变形、应力和应变分析，得到径向变形分布云图、应力分布云图和应变分布云图，如图 10.6 所示。由图 10.6 可知，叶盘结构总体的最大径向变形量位置在叶尖部位，最大应力和最大应变位置在轮盘根部。

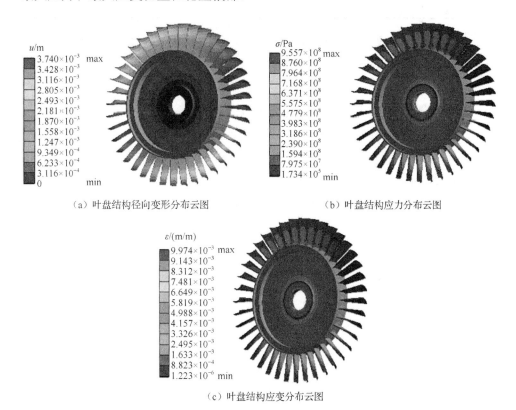

（a）叶盘结构径向变形分布云图　　　　（b）叶盘结构应力分布云图

（c）叶盘结构应变分布云图

图 10.6　叶盘结构径向变形、应力和应变分布云图

10.3.3　可靠性分析

针对航空发动机涡轮叶盘结构在加工以及实际运行过程中材料参数和工作条件的不确定性，将进口流速 v、进口压力 p、温度 t、材料密度 ρ 及转速 ω 作为随机变量，设各随机变量均服从正态分布。随机变量的选取如表 10.1 所示。

表 10.1 输入随机变量的选取

随机变量	均值	标准差
$v/$（m/s）	160	3.2
$p/$Pa	600	18000
t	11	15.56
$\rho/$（kg/m^3）	4620	92.4
$\omega/$（rad/s）	1168	23.36

在涡轮叶盘的最大径向变形、最大应力、最大应变位置处利用中心复合抽样技术对输入随机变量进行抽样，分别对抽样点进行流-热-固耦合分析后，得到最大径向变形、最大应力、最大应变的输出响应值。对得出的样本进行归一化处理，将处理后的数据作为 BP-ANN 模型训练样本。

选用 "4-3-1" 的网络结构，输入层至隐含层，隐含层至输出层传递函数分别选用 "tansig" 和 "purelin"，训练函数选用 "trainbr"，分别建立起三重 BP-ANN 模型，即建立起智能三重响应面模型。取粒子维数 v=16，种群粒子数 N=40，经过 100 次迭代后，种群最优个体适应值变化曲线如图 10.7 所示。

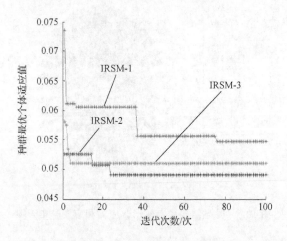

图 10.7 叶盘适应值变化曲线

将搜索到的最优权值和阀值赋予 IRSM 模型；设定学习速率为 0.1、训练终止误差为 10^{-4}，利用 BR 算法训练各个 IRSM 模型。训练过程如图 10.8 所示。

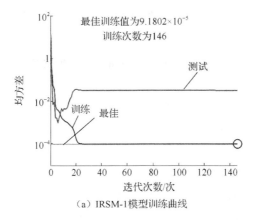

（a）IRSM-1模型训练曲线

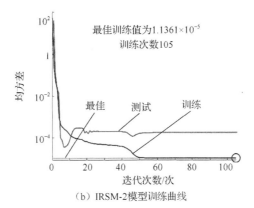

（b）IRSM-2模型训练曲线

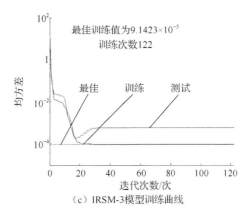

（c）IRSM-3模型训练曲线

图 10.8　IRSM 模型训练曲线

经贝叶斯正则化算法训练后，IMRSM 模型的权值和阀值如式（10.8）、式（10.9）和式（10.10）所示。

$$\left\{ \begin{array}{l} w_1 = \begin{pmatrix} -0.0477 & 0.2436 & 0.0670 & -0.1283 & -0.4326 \\ 0.0843 & -0.1974 & -0.1400 & -0.1369 & -0.5301 \\ 0.0681 & -0.3213 & -0.2449 & 0.0713 & -0.4701 \end{pmatrix} \\ b_1 = \begin{pmatrix} -0.0071 \\ 0.4961 \\ -0.7749 \end{pmatrix} \\ w_2 = \begin{pmatrix} -0.9486 & -0.8600 & -0.4654 \end{pmatrix} \\ b_2 = \begin{pmatrix} 0.0863 \end{pmatrix} \end{array} \right. \tag{10.8}$$

$$\left\{ \begin{array}{l} w_1 = \begin{pmatrix} -0.0066 & 0.0201 & -1.1554 & 0.0040 & 0.4912 \\ 0.0042 & 0.0156 & 0.0134 & 0.0006 & -1.8173 \\ 0.0036 & -0.0107 & -0.3930 & -0.0022 & -0.2494 \end{pmatrix} \\ b_1 = \begin{pmatrix} 0.5681 \\ 2.2863 \\ -0.2490 \end{pmatrix} \\ w_2 = \begin{pmatrix} -0.9271 & -1.2536 & -1.7726 \end{pmatrix} \\ b_2 = \begin{pmatrix} 1.0608 \end{pmatrix} \end{array} \right. \tag{10.9}$$

$$\left\{ \begin{array}{l} w_1 = \begin{pmatrix} 0.2355 & -0.3916 & -0.2097 & -0.0784 & 0.0655 \\ -0.0542 & 0.0673 & 0.1928 & -0.0055 & -1.5248 \\ -0.1379 & 0.2299 & -0.4268 & 0.0508 & -0.0260 \end{pmatrix} \\ b_1 = \begin{pmatrix} -0.0107 \\ 1.7311 \\ -0.2104 \end{pmatrix} \\ w_2 = \begin{pmatrix} -0.9541 & -1.0545 & -1.5419 \end{pmatrix} \\ b_2 = \begin{pmatrix} 0.4542 \end{pmatrix} \end{array} \right. \tag{10.10}$$

利用 MCM 对 IMRSM 模型进行 10000 次联动抽样，将得出的输出值作反归一化处理后得出各输出响应值。

涡轮叶盘的最大径向变形、最大应力、最大应变响应和分布情况如图 10.9 和图 10.10 所示。

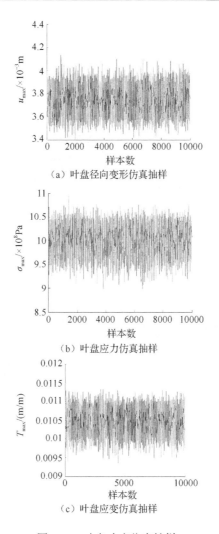

（a）叶盘径向变形仿真抽样

（b）叶盘应力仿真抽样

（c）叶盘应变仿真抽样

图 10.9　叶盘响应仿真抽样

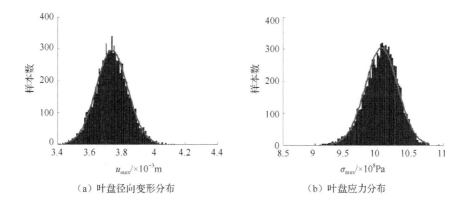

（a）叶盘径向变形分布　　　　　　　　　　（b）叶盘应力分布

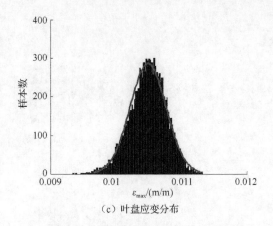

（c）叶盘应变分布

图 10.10   叶盘响应分布

根据以上响应数据，作各输出响应之间的散点图，如图 10.11 所示。

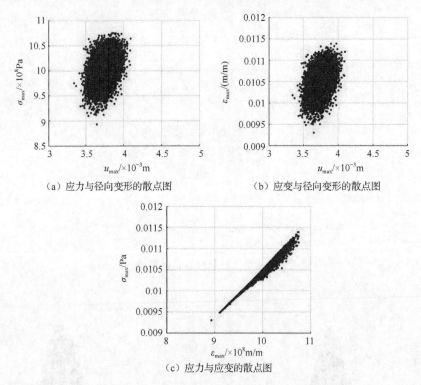

（a）应力与径向变形的散点图   （b）应变与径向变形的散点图

（c）应力与应变的散点图

图 10.11   各种输出响应之间的散点图

图 10.11 中的散点分布反映出各输出响应之间的关系，其中应力响应与应变响应之间的散点比较接近直线分布，这说明涡轮叶盘的应力响应和应变响应之间的相互影响较大，且它们正相关。

当许用径向变形、许用应力和许用应变的均值和标准差分别取 $3.8×10^{-3}$m 和 $7.6×10^{-5}$m、$1.06×10^9$Pa 和 $2.12×10^7$Pa、$1.11×10^{-2}$ 和 $2.22×10^{-4[31]}$时，利用式（10.5）和式（10.6）对航空发动机涡轮叶盘进行可靠性分析，分析结果如表 10.2 所示。

表 10.2　涡轮叶盘的可靠性分析结果

变量	均值	标准差	分布	失效数	R/%	t/s
最大径向变形	$3.7004×10^{-3}$	$9.8641×10^{-5}$	正态	55	99.45	0.244
最大应力	$1.0023×10^9$	$2.5722×10^7$	正态	56	99.44	0.271
最大应变	$1.0588×10^{-2}$	$2.7883×10^{-4}$	正态	28	99.72	0.242
联合失效模式	—	—	—	69	99.31	0.761

注：最大径向变形的均值，标准差单位为 m；最大应力的均值，标准差单位为 Pa；最大应变的均值，标准差均为无量纲变量；R 为可靠度，t 指计算时间。

由图 10.10、图 10.11 和表 10.2 可知：叶盘最大径向变形、最大应力和最大应变均服从正态分布，其均值和标准差分别为 $3.1004×10^{-3}$m 和 $9.8641×10^{-5}$m、$1.0023×10^9$Pa 和 $2.5722×10^7$Pa、$1.0588×10^{-2}$m/m 和 $2.7883×10^{-4}$m/m。

在许用径向变形、许用应力和许用应变的均值和标准差分别取 $3.8×10^{-3}$m 和 $7.6×10^{-5}$m、$1.06×10^9$Pa 和 $2.12×10^7$Pa、$1.11×10^{-2}$m/m 和 $2.22×10^{-4}$m/m 时，叶盘在径向变形、应力和应变失效模式下的可靠度分别为 0.9945、0.9944 和 0.9972，多失效模式共同作用下叶盘的综合可靠度为 0.9931，基本符合工程实际和满足叶盘设计要求。

10.3.4　方法验证

为了验证 IMRSM 的有效性和可行性，选用表 10.1 中的输入随机变量，在同等计算条件下，利用 MCM、RSM、MRSM、IMRSM 分别对涡轮叶盘进行可靠性分析。

在同等计算条件下，四种方法在不同仿真模拟次数时所用的计算时间和可靠度分别如表 10.3 和表 10.4 所示。

表 10.3　用四种方法计算叶盘可靠度分别所用的时间

方法	不同仿真模拟次数所用的计算时间/s			
	10^2	10^3	10^4	10^5
MCM	$6.94×10^3$	$5.98×10^4$	$8.63×10^5$	—
RSM	2.36	6.59	17.68	96.28
MRSM	0.87	1.58	5.49	14.08
IMRSM	0.34	0.45	0.76	2.76

表 10.4　基于四种方法的叶盘可靠性分析结果

样本数	方法				精度/%		
	MCM	RSM	MRSM	IMRSM	RSM	MRSM	IMRSM
10^2	0.99	0.96	0.98	0.99	97.98	98.99	100
10^3	0.993	0.979	0.990	0.992	98.59	99.69	99.9
10^4	0.9931	0.9848	0.9918	0.9932	99.16	99.87	99.99
10^5	—	0.9908	0.9921	0.9931	—	—	—

从表 10.3 和表 10.4 中可以发现，RSM、MRSM、IMRSM 这三种方法在计算时间上大大优于 MCM；随着仿真模拟次数增加，IMRSM 计算效率逐渐高于 RSM、MRSM。在计算精度上，IMRSM 都比 MRSM、RSM 高，与 MCM 几乎保持一致。可见，IMRSM 是一种高精度、高效率的可靠性分析方法。

11　基于多目标粒子群-智能多重响应面法的结构可靠性优化设计

多失效模式结构可靠性优化设计的目的是在满足可靠度要求的同时，尽量降低复杂结构的受载程度，以提高机械结构的安全性和可靠性。由于应用复杂结构的有限元模型计算响应及结构可靠度的计算任务较繁重，而常规的数值模拟法的计算效率和精度难以达到复杂机械结构可靠性优化设计的要求，这些问题使得多目标可靠性优化设计几乎无法进行。

为了解决以上问题，本章结合多目标粒子群优化（multiple object particle swarm optimization, MOPSO）算法与智能多重响应面法的优势，提出了高精度、高效率的多目标粒子群-智能多重响应面法（MOPSO-IMRSM）。首先，基于神经网络技术建立智能多重响应面函数，完成多失效模式结构的可靠性及灵敏度分析。然后，以复杂结构的输出响应（径向变形响应、应力响应、应变响应等）为目标函数，可靠度及其他条件为约束，建立多目标可靠性优化设计模型。之后，以智能多重响应面函数代替结构的复杂极限状态函数进行可靠度计算。利用 MOPSO 算法对模型进行求解，得出一个满足优化要求的帕累托（Pareto）最优解集。最后根据实际使用要求，选择出最满意的一个 Pareto 最优解作为最终解。

以多失效模式叶盘结构可靠性优化设计为例，验证所提出的方法。优化设计结果显示：在保证系统可靠度前提下，涡轮叶盘的最大径向变形、最大应力明显变小。通过方法比较表明：①IMRSM 在保证可靠度计算精度的前提下，提高了计算效率。②MOPSO 算法的优化值最接近目标函数的极小值[29]。

11.1　多失效模式结构可靠性优化模型

多失效模式结构可靠性优化设计的目的是在解决多失效模式结构在满足可靠度要求的同时，尽量地减小结构的响应以减轻其所受载荷的问题。在优化设计过程中，对所有的随机变量进行优化设计的计算量较大且计算效率较低，且其中的一些随机变量对构件的失效概率影响很小，因此将所有随机变量都作为优化设计目标是没有必要的。所以，为了提高可靠性优化设计的计算效率，本节以灵敏度值较大的输入随机变量作为设计变量，进行多失效模式结构的可靠性优化设计。

11.1.1　计算灵敏度

可靠性灵敏度反映出随机变量的变化对失效概率的影响程度。利用 MCM 数字模拟法计算得到失效概率:

$$P_{fi} = 1 - \Phi\left(\frac{\mu_{g_i}}{\sqrt{D_{g_i}}}\right) \tag{11.1}$$

式中, P_{fi} 表示第 i 个失效模式下的失效概率, $i=1$ 为径向变形失效模式, $i=2$ 为应力失效模式, $i=0$ 为综合考虑两种失效模式; μ_{g_i} 为极限状态函数的均值矩阵; D_{g_i} 为极限状态函数的方差矩阵; $\Phi(\cdot)$ 为标准正态分布函数。

随机变量均值矩阵对失效概率的灵敏度为

$$\left(\frac{\partial P_{fi}}{\partial \mu}\right)_m = E\left(\frac{\lambda_i\left(\mu_{mn} - \overline{\mu}_m\right)}{\overline{\sigma}_m^2}\right) \tag{11.2}$$

当考虑单重失效模式即 $i \neq 0$ 时:

$$\lambda_i = \begin{cases} 1, & y_i \geqslant [y_i] \\ 0, & y_i < [y_i] \end{cases} \tag{11.3}$$

当综合考虑多种失效模式即 $i=0$ 时:

$$\lambda_i = \begin{cases} 1, & y_{in} \geqslant [y_{in}] \\ 0, & y_{in} < [y_{in}] \end{cases} \tag{11.4}$$

式 (11.2) ~式 (11.4) 中, $E(\cdot)$ 表示取均值; μ_{mn} 表示第 m 个输入变量对应的第 n 个数据; μ_m 表示第 m 个输入变量的均值; σ_m^2 表示第 m 个输入变量的方差; y_{in} 为第 i 种失效模式下第 n 个输出响应; $[y_{in}]$ 第 i 种失效模式下的许用值。

11.1.2　多目标可靠性优化模型

多失效模式结构 RBDO 的基本思想是: 在可靠性指标的约束下, 合理选择各构件随机参数, 从而使结构的受载量最小。其数学模型是以高灵敏度的随机变量为设计变量, 结构的径向变形、应力和应变等多种输出响应为目标函数, 可靠度及其他约束为约束条件建立起来的。多失效模式结构 RBDO 的数学模型如式 (11.5) 所示。

$$
\begin{cases}
\min & E\big(f_i(X)\big),\ i=1,2,\cdots,m \\
\text{s.t.} & R_j \geqslant [R_j],\ j=1,2,\cdots,n \\
& R \geqslant [R] \\
& a_u \leqslant X_u \leqslant b_u,\ u=1,2,\cdots,p \\
& g_l(X)=0,\ l=1,2,\cdots,q
\end{cases}
\tag{11.5}
$$

式中，$f_i(X)$为第 i 个目标函数；R_j 为第 j 个系统的可靠度；$[R_j]$为系统许用可靠度；R 为综合考虑多种失效模式下的结构总可靠度；$[R]$为综合考虑多种失效模式下的结构许用总可靠度；X_u 为第 u 个设计变量；a_u, b_u 为第 u 个设计变量 X 的上下边界；$g_l(X)$是第 l 个设计变量 X 应满足的等式约束条件。

11.2　MOPSO-IMRSM 模型

11.2.1　MOPSO-IMRSM 基本思想

1. MOPSO 算法

在多目标优化问题中，各个目标之间存在相互影响，一般情况下多个目标难以同时达到最优，因此需要一种能够同时对多个目标进行协调搜索的算法来解决多目标可靠性优化问题。本节采用 MOPSO 算法求解多目标优化模型，该算法的基本思想是：粒子群中每个粒子都具有多个适应值，其中每个适应值都对应一个优化目标，其大小由适应度函数计算所得。根据适应值大小和粒子间的支配关系，更新每个粒子的个体极值和群体极值，并筛选出非劣解。通过循环迭代，不断地更新非劣解集，最终得出多目标优化模型的最优解集。MOPSO 算法解决多目标优化问题的流程如下。

（1）首先在搜索空间中初始化一群粒子，以目标函数向量的字符串作为粒子的适应值，每一个粒子都是一个潜在 Pareto 最优解。

（2）初始化粒子群和档案，计算粒子的适应值，确定粒子的个体极值和群体极值。根据支配关系得出粒子群的非劣解后，将其加入档案。

（3）利用速度更新公式更新粒子的位置和速度，形成新的粒子群，调整个体极值和群体极值。计算出新的粒子适应值并更新非劣解档案，循环往复，直到满足终止条件，最终得出多目标优化模型的 Pareto 最优解集。

2. IMRSM 计算可靠度

多目标可靠性优化模型是以结构可靠度为约束，求解满足多个目标的最佳设计点集的。因此，MOPSO 算法每迭代一次，就需要计算一次结构的可靠度，由此带来的计算量将非常庞大。而利用常规的数值模拟法（MCM、一次二阶矩法、二次多项式响应面法等）计算可靠度，均存在难以同时保证较高的计算精度和效率等问题，这势必将影响 RBDO 结果的计算效率和精度。

为了解决多目标可靠性优化设计中的这一问题，利用 IMRSM 计算可靠度。该方法以智能多重响应面模型代替极限状态函数进行可靠度的计算，在保证可靠度计算精度的同时，能够大大减少计算量，从而提高可靠度的计算效率。该方法的基本思想和具体计算流程详见 10.1 节～10.2 节。在此不再详述。

将 MOPSO 算法和 IMRSM 进行结合，利用 IMRSM 计算可靠度、MOPSO 算法求解优化模型，能够得出最佳优化结果集合，并在保证多目标可靠性优化设计计算精度的同时，提高计算效率。

11.2.2　基于 MOPSO-IMRSM 模型的可靠性优化设计流程

为了提高多失效模式结果可靠性优化设计的精度和效率，在建立高精度智能多重响应面模型的基础上，利用 MOPSO 算法对多目标可靠性优化模型进行优化求解。这种方法称为可靠性优化的 MOPSO-IMRSM。该方法在 IMRSM 基础上，利用 MCM 得到复杂结构各输入变量的灵敏度，以灵敏度信息为指引，建立多失效模式结构的可靠性优化设计模型，并以 MOPSO 算法对可靠性优化模型进行求解。

MOPSO-IMRSM 将多目标粒子群优化算法的非线性多目标搜索能力、神经网络的非线性拟合能力与响应面法的简化计算能力有机地结合起来，在保持计算精度的同时，有效地提高了计算效率。基于 MOPSO-IMRSM 多失效模式结构可靠性优化设计的步骤如下。

（1）根据复杂结构的特点，以结构的环境运行参数为输入，多种失效模式下的响应为输出，建立结构 FEM。

（2）根据有限元模型抽取一定数量的样本作为训练数据，确定神经网络的各层节点数及各层之间的传递函数，建立起 BP-ANN 模型。

（3）利用 PSO 算法搜寻网络初始最优权值和阀值，并将其赋予 BP-ANN 模型。利用贝叶斯正则化算法训练 BP-ANN 模型，训练后的 BP-ANN 即为智能多重响应面模型。

（4）利用蒙特卡罗法对该模型抽样后得出输出响应值。与许用值比较后，得出系统及各构件的可靠度，并计算各输入随机变量的灵敏度。

（5）以多种失效模式下的极值响应为目标函数，高灵敏度的随机变量为设计变量，可靠度及尺寸约束为约束条件，建立多目标可靠性优化模型。

（6）初始化 MOPSO 算法并计算粒子适应值，确定粒子的个体极值和群体极值。根据支配关系得出粒子群的非劣解后，将其加入档案。

（7）更新粒子的速度和位置，并调整粒子的个体极值和群体极值，形成新的粒子群。计算出新的粒子适应值并更新非劣解档案，循环往复，直到满足终止条件，最终得出多目标优化模型的 Pareto 最优解集。

基于 MOPSO-IMRSM 的多失效模式结构可靠性优化设计流程如图 11.1 所示。

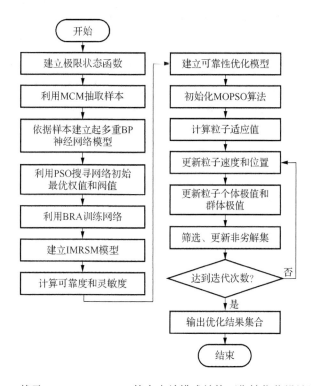

图 11.1　基于 MOPSO-IMRSM 的多失效模式结构可靠性优化设计流程图

11.3　算　　例

11.3.1　建立智能多重响应面模型

将对涡轮叶盘的最大径向变形和最大应力等两个目标进行可靠性的优化设

计，求解出最佳涡轮叶盘运行参数。涡轮叶盘在流-热-固耦合作用下的确定性分析、基本随机变量详见 12.3 节。

在涡轮叶盘的最大径向变形，最大应力位置处利用中心复合抽样技术对输入随机变量进行抽样，分别对抽样点进行流-热-固耦合分析后，得到最大径向变形、最大应力的输出响应值。对得出的样本进行归一化处理，将处理后的数据作为 BP-ANN 模型的训练样本。

选用 "5-3-1" 的网络结构，输入层至隐含层，隐含层至输出层传递函数分别选用 "tansig" 和 "purelin"；训练函数选用 "trainbr"，分别建立起双重 BP-ANN 模型，即双重智能响应面模型。

取粒子维数 v=16，种群粒子数 N=40，经过 100 次迭代后，得出网络初始最优权值和阀值。将其赋予网络，经贝叶斯正则化算法训练后，IMRSM 模型的权值和阀值如式（11.6）和式（11.7）所示。

$$\begin{cases} w_1 = \begin{pmatrix} -0.0477 & 0.2436 & 0.0670 & -0.1283 & -0.4326 \\ 0.0843 & -0.1974 & -0.1400 & -0.1369 & -0.5301 \\ 0.0681 & -0.3213 & -0.2449 & 0.0713 & -0.4701 \end{pmatrix} \\ b_1 = \begin{pmatrix} -0.0071 \\ 0.4961 \\ -0.7749 \end{pmatrix} \\ w_2 = \begin{pmatrix} -0.9486 & -0.8600 & -0.4654 \end{pmatrix} \\ b_2 = \begin{pmatrix} 0.0863 \end{pmatrix} \end{cases} \quad (11.6)$$

$$\begin{cases} w_1 = \begin{pmatrix} -0.0066 & 0.0201 & -1.1554 & 0.0040 & 0.4912 \\ 0.0042 & 0.0156 & 0.0134 & 0.0006 & -1.8173 \\ 0.0036 & -0.0107 & -0.3930 & -0.0022 & -0.2494 \end{pmatrix} \\ b_1 = \begin{pmatrix} 0.5681 \\ 2.2863 \\ -0.2490 \end{pmatrix} \\ w_2 = \begin{pmatrix} -0.9271 & -1.2536 & -1.7726 \end{pmatrix} \\ b_2 = \begin{pmatrix} 1.0608 \end{pmatrix} \end{cases} \quad (11.7)$$

11.3.2 计算灵敏度

由式（11.2）、式（11.4），计算叶盘的灵敏度，计算结果如图 11.2 和表 11.1 所示。

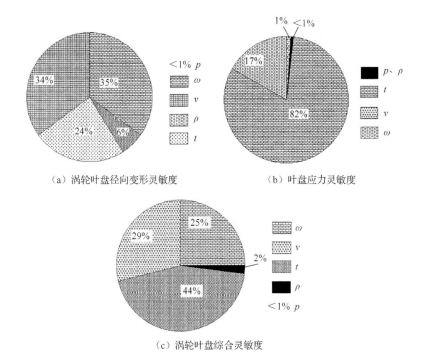

（a）涡轮叶盘径向变形灵敏度　　　　　（b）叶盘应力灵敏度

（c）涡轮叶盘综合灵敏度

图 11.2　涡轮叶盘灵敏度计算结果

表 11.1　输入随机变量的灵敏度及影响概率

设计变量	L_1	P_1/%	L_2	P_2/%	L	P/%
v	$-4.7×10^{-4}$	34	$-2.0×10^{-4}$	17	$-2.3×10^{-5}$	29
p	$-1.1×10^{-7}$	<1	$-1.8×10^{-9}$	<1	$-1.0×10^{-8}$	<1
t	$3.3×10^{-4}$	24	$1.0×10^{-3}$	82	$3.5×10^{-5}$	44
ρ	$8.7×10^{-5}$	6	$1.7×10^{-7}$	<1	$1.4×10^{-6}$	2
ω	$4.8×10^{-4}$	35	$-1.5×10^{-5}$	1	$1.9×10^{-5}$	25

注：L_1，L_2 分别为随机变量对涡轮叶盘径向变形和应力的灵敏度；L 为随机变量对总体失效的灵敏度；P_1，P_2 分别为随机变量对径向变形和应力的影响概率；P 为随机变量对总体失效的影响概率。其中，灵敏度有正负之分，正值表示该变量与输出响应为正相关，负值表示该变量对输出响应有抑制增大的作用。

由图 11.2 及表 11.1 可知，流速、温度以及转速是影响涡轮叶盘结构径向变形的主要因素，其影响概率分别为 34%、24% 和 35%。流速及温度对叶盘应力的影响在 98% 以上，而且温度的影响最大，达到了 82%。考虑多失效模式共同作用时，综合灵敏度分析结果表明：叶盘失效的总体影响因素为流速、温度和转速，其影响概率分别为 29%、44% 和 25%。

综上，对涡轮叶盘各失效概率影响最大的随机变量是流速、温度和转速。因此，需要对这三种随机变量进行优化设计。

11.3.3　建立多目标可靠性优化模型

要求在许用径向变形和许用应力的均值和标准差分别取 3.8×10^{-3}m 和 7.6×10^{-5}m、1.06×10^{9}Pa 和 2.12×10^{7}Pa 的情况下，使得涡轮叶盘的最大径向变形 $U_{\max}$ 和最大应力 $\sigma_{\max}$ 的值最小，设计涡轮叶盘的运行参数，即流速、温度和转速。以涡轮叶盘的最大径向变形、应力和应变的均值为目标函数，以各失效模式及综合失效模式下的结构可靠度为约束条件，建立涡轮叶盘 RBDO 的多目标优化模型。该模型如式（11.8）所示。

$$
\begin{cases}
\min & E\left(U_{\max}\right) \\
\min & E\left(\sigma_{\max}\right) \\
\text{s.t.} & R_i \geqslant [R_i],\ i=1,2 \\
& R \geqslant [R] \\
& 140.00 \leqslant v \leqslant 179.99 \\
& 1130.00 \leqslant t \leqslant 1169.99 \\
& 1148.00 \leqslant \omega \leqslant 1187.99
\end{cases}
\tag{11.8}
$$

式中，$E(\cdot)$ 表示取均值；R_i 为第 i 种失效模式下的结构可靠度；$[R_i]$ 为第 i 种失效模式下的许用结构可靠度；R 为两种失效模式共同作用下的结构可靠度；$[R]$ 为三种失效模式共同作用下的许用结构可靠度；v 为进口流速；t 为温度；ω 为涡轮叶盘的转速。

11.3.4　模型求解

取优化解个数即粒子维数 $v=3$、种群粒子数 $N=100$ 的粒子群优化算法求解该数学模型，经 200 次迭代后，涡轮叶盘 RBDO 的帕累托（Pareto）前端变化曲线如图 11.3 所示。

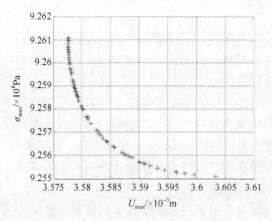

图 11.3　涡轮叶盘可靠性优化设计的 Pareto 前端曲线

从图 11.3 可知，Pareto 前端分布较均匀，多样性较好。若给定涡轮叶盘综合可靠度 $R=0.9932$，则从 Pareto 最优解集中可获得设计变量 $v=161.74\text{m/s}$，$t=1033.08\text{K}$，$\omega=1150.93\text{rad/s}$；此时，叶盘的最大径向变形为 $3.5834\times10^{-3}\text{m}$，最大应力为 $9.2566\times10^{8}\text{Pa}$。

优化前后的最大径向变形、最大应力分布如图 11.4 和图 11.5 所示。

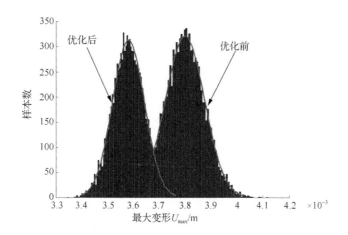

图 11.4　优化前后的最大径向变形分布

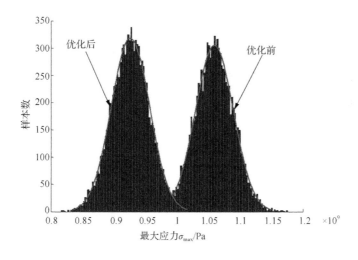

图 11.5　优化前后的最大应力分布

11.3.5　方法验证

利用 MCM 抽样 10000 次，不同方法计算可靠度所需的时间与精度如表 11.2 所示。当综合可靠度取 0.9932 时，不同方法的优化结果如表 11.3 所示。

表 11.2　不同方法计算涡轮叶盘可靠度分别所用的计算时间与精度

方法	计算时间/s	精度/%
MCM	8.6313×10^5	100
MRSM	5.4944	99.87
IMRSM	0.7625	99.99

表 11.3　不同方法优化结果比较

方法	$v/$（m/s）	t/K	$\omega/$（rad/s）	U_{max}/m	σ_{max}/Pa	R /%
原始数据	160	1150	1168	3.74×10^{-3}	9.56×10^8	0.9932
一次二阶矩法	158.37	1142.74	1172.13	3.71×10^{-3}	9.43×10^8	0.9939
分解协调法	160.41	1098.57	1163.82	3.66×10^{-3}	9.39×10^8	0.9941
MOPSO-IMRSM	161.74	1033.08	1150.93	3.58×10^{-3}	9.26×10^8	0.9942

　　由表 11.2 中可知，MRSM、IMRSM 这两种方法在计算时间上大大少于 MCM，而且 IMRSM 计算效率最高；在计算精度方面，IMRSM 比 MRSM 高 0.12%，与 MCM 几乎保持一致。

　　从表 11.3 中可以发现，MOPSO-IMRSM 的优化变量中进口流速有所增大，温度和转速都有所减小。其对应的优化结果在满足可靠度要求的同时，最大径向变形和最大应力都有所变小，且比原始数据小得多。其次，该方法优化后的最大径向变形比一次二阶矩法优化后的最大径向变形小 3.5%，比分解协调法优化后的最大径向变形小 1.8%；该方法优化后的最大应力比一次二阶矩法优化后的最大应力小 2.2%，比分解协调法优化后的最大应力小 1.4%。

12　可靠性分析的广义回归极值响应面法

本章将极值响应面法与广义回归型神经网络（generalized regression neural network，GRNN）法相结合，提出了广义回归神经网络极值响应面法（generalized regression neural network extremum response surface method，GRNNERSM），并以航空发动机涡轮叶盘为例，以温度、转速、材料属性以及低循环疲劳性能参数为输入变量，叶盘的最小疲劳寿命为输出响应，对涡轮叶盘低循环疲劳寿命进行可靠性分析，最后将广义回归极值响应面法与蒙特卡罗法、极值响应面法比较并进行有效性验证[32]。

12.1　基　本　思　想

热-结构耦合条件下，基于 GRNNERSM 叶盘低循环疲劳寿命分析的基本思想如下。

（1）以叶盘温度、转速、材料属性和低循环疲劳性能参数的均值作为输入随机变量，假设彼此相互独立且服从正态分布。

（2）建立叶盘有限元模型。

（3）考虑热-固耦合作用，设置相应的边界条件，对叶盘进行有限元分析计算，得到叶盘的最小疲劳寿命点。

（4）用拉丁超立方抽样方法对输入随机变量抽取一定量样本值，通过有限元分析得到叶盘低循环疲劳寿命最小区域的输出响应，将每组样本及其对应的输出响应的最小值作为训练样本。

（5）对训练样本进行归一化处理，使用交叉验证法迭代得到最优的光滑因子、隐含层权值矩阵和输出层的连接权值，输出训练好的 GRNN。

（6）将训练好的 GRNN 函数作为目标函数替代叶盘低循环疲劳寿命分析的极限状态函数，得到 GRNNERSM 模型。

（7）用小批量数据检验 GRNNERSM 是否满足拟合精度，若不满足，则返回第（4）步；若满足，则进行第（8）步。

（8）使用 MCM 对输入随机变量进行大批量抽样，将其代入 GRNNERSM，对结果进行统计后得到热-结构耦合状态下叶盘低循环疲劳寿命可靠度和灵敏度。GRNNERSM 的叶盘低循环疲劳可靠性分析流程如图 12.1 所示。

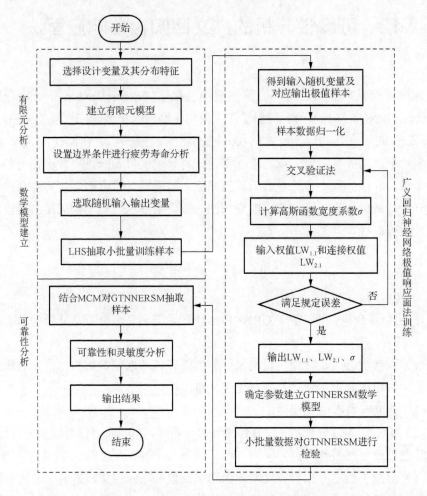

图 12.1　GRNNERSM 的可靠性分析流程图

12.2　基　本　理　论

12.2.1　低循环疲劳寿命数学模型

以结构材料的应变为自变量，与其对应的疲劳寿命为因变量，描述的应变-疲劳寿命（$\Delta\varepsilon$-N）曲线如图 12.2 所示。描述该曲线的曼森-科芬（Manson-Coffin）的数学表达式为[32]

$$\frac{\Delta \varepsilon}{2} = \frac{\Delta \varepsilon_e}{2} + \frac{\Delta \varepsilon_p}{2} = \frac{\sigma_f'}{E}(2N)^b + \varepsilon_f'(2N)^c \tag{12.1}$$

式中，$\Delta \varepsilon$ 为总应变；$\Delta \varepsilon_e$ 为弹性应变；$\Delta \varepsilon_p$ 为塑性应变；E 为弹性模量；σ_f' 为疲劳强度系数；ε_f' 为疲劳延性系数；b 为疲劳强度指数；c 为疲劳延性指数；N_f 为低循环疲劳寿命。

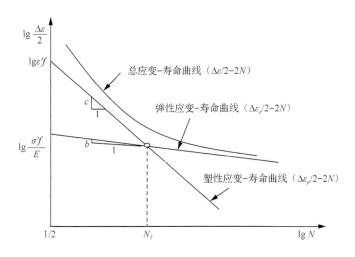

图 12.2 应变-疲劳寿命曲线图

航空发动机叶盘承受复杂载荷，考虑平均应力的影响，采用 Morrow 修正公式（12.1）进行分析[33]。GH4133B 是 Ni-Cr 基沉淀硬化型变形高温合金，被广泛用来制造航空发动机的涡轮盘和叶片等重要承重件，其 600℃ 的低循环疲劳性能[34] 如表 12.1 所示，ε-N 曲线和循环应力-应变曲线如图 12.3 和图 12.4 所示。

表 12.1 600℃下 GH4133B 低循环疲劳性能参数

疲劳参量		曲线的数学表达式
σ_f' / MPa	1419	
b	-0.10	$\dfrac{\Delta \varepsilon_t}{2} = 0.008 \times (2N_f)^{-0.1} + 0.51(2N_f)^{-0.84}$
ε_f' / %	50.5	
c	-0.84	$\dfrac{\Delta \sigma}{2} = 1420(\dfrac{\Delta \varepsilon_p}{2})^{0.1}$
k' / MPa	1420	
n'	0.10	

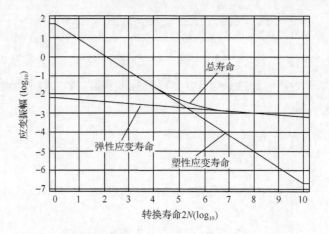

图 12.3　GH4133B 应变-寿命曲线

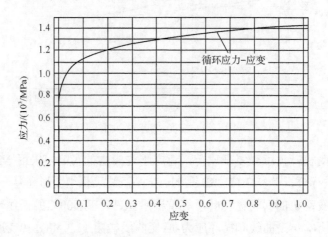

图 12.4　循环应力-应变曲线

在不同循环荷载作用下，低循环疲劳寿命的计算采用线性损伤累积（Miner）最常用的方法，其计算式如式（7.5）所示[35]。

12.2.2　广义回归极值神经网络数学模型

广义回归神经网络具有更强的逼近能力和学习速度，使用更少的训练样本就能达到预测效果，并且具有很强的非线性映射能力和鲁棒性，适合解决非线性问题。因此将 GRNN 与 ERSM 相结合，将 ERSM 非线性方程拟合精度向前推进一步。

GRNN 由输入层、隐含层和输出层组成。GRNN 的网络结构如图 12.5 所示。

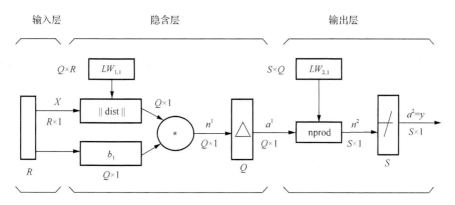

图 12.5　GRNN 结构原理图

设训练样本输入矩阵 X 与输出矩阵 T_t 分别为

$$X = \begin{pmatrix} x_{11} & x_{12} & \cdots & x_{1Q} \\ x_{21} & x_{22} & \cdots & x_{2Q} \\ \vdots & \vdots & & \vdots \\ x_{R1} & x_{R2} & \cdots & x_{RQ} \end{pmatrix}, \quad T_t = \begin{pmatrix} t_{11} & t_{12} & \cdots & t_{1Q} \\ t_{21} & t_{22} & \cdots & t_{2Q} \\ \vdots & \vdots & & \vdots \\ t_{S1} & t_{S2} & \cdots & t_{SQ} \end{pmatrix} \quad (12.2)$$

式中，x_{ji} 表示第 i 组训练样本的第 j 个输入变量；t_{ji} 表示第 i 组训练样本的第 j 个输出变量；R 为输入变量的维数；S 为输出变量的维数；Q 为训练集样本数。

隐含层的神经单元个数等于训练集样本数，该层权值函数为欧式距离函数（用 $\|\mathrm{dist}\|$ 表示），计算隐含层权值矩阵 $\mathrm{LW}_{1,1}$ 为

$$\mathrm{LW}_{1,1} = X^{\mathrm{T}} \quad (12.3)$$

Q 个隐含层神经单元对应的阀值为

$$b = \begin{pmatrix} b_1 & b_2 & \cdots & b_Q \end{pmatrix}^{\mathrm{T}} \quad (12.4)$$

式中，$b_1 = b_2 = \cdots = b_Q = \dfrac{0.8326}{\sigma}$；$\sigma$ 为高斯函数的光滑因子。

隐含层的传递函数通常用高斯径向基函数，隐含层的神经元个数 Q 等于训练样本数，每个神经元对应一个训练样本，当隐含层神经单元的权值矩阵和阀值确定后，隐含层神经元输出 a_i^l 为

$$a_i^l = \exp\left(-\frac{0.8326}{\sigma}\|\mathrm{LW}_{1,i} - x_j\|^2\right), j = 1, 2, \cdots, R; i = 1, 2, \cdots, Q \quad (12.5)$$

式中，$x_j = \begin{pmatrix} x_{j1} & x_{j2} & \cdots & x_{jR} \end{pmatrix}^{\mathrm{T}}$ 为第 j 个训练样本向量。记 $\alpha^j = \begin{pmatrix} a_1^i & a_2^i & \cdots & a_Q^i \end{pmatrix}^{\mathrm{T}}$。

隐含层与输出层间的连接权值 $\mathrm{LW}_{2,1}$ 取为训练集输出矩阵，即

$$\mathrm{LW}_{2,1} = T_t \tag{12.6}$$

网络的第三层为线性输出层，用规范化点积权函数（用 nprod 表示），计算网络向量 n^j，将隐含层输出矩阵 a^j 和权值矩阵 $\mathrm{LW}_{2,1}$ 每行元素进行点积运算，再除以 a^j 的各元素之和，结果如下：

$$n^j = \frac{\mathrm{LW}_{2,1}\left(a^j\right)^{\mathrm{T}}}{\sum_{i=1}^{Q} a_i^j} \tag{12.7}$$

将 n^j 提供给线性传递函数 $y^j = \mathrm{purelin}(n^j)$，计算网络输出，GRNN 数学模型如下：

$$y^j = \mathrm{purelin}(n^j) = \frac{\mathrm{LW}_{2,1}\left(a^j\right)^{\mathrm{T}}}{\sum_{i=1}^{Q} a_i^j} \tag{12.8}$$

式中，y^j 为第 j 个训练样本的网络输出。

用 GRNN 神经网络函数作为极值响应面函数式（3.25）中输入变量与输出响应的函数关系式，则广义回归极值神经网络的数学模型为

$$y_{\min}^j = \min\left\{\frac{\mathrm{LW}_{2,1}\left(a^j\right)^{\mathrm{T}}}{\sum_{i=1}^{Q} a_i^j}\right\} \tag{12.9}$$

12.3　基于广义回归极值神经网络可靠性分析数学模型

设 y^* 是叶盘低循环疲劳寿命许用值，$y_{\min}^j$ 为叶盘疲劳寿命功能函数，则叶盘低循环疲劳寿命的极限状态函数为[36]

$$Z = y_{\min}^j - y^* \tag{12.10}$$

极限状态函数 $Z>0$ 时，叶盘实际最小疲劳寿命值大于许用值，叶盘结构安全；反之，则叶盘失效。设各输入随机变量相互独立，其均值和方差矩阵分别为 $\mu=(\mu_1\ \mu_2\cdots\mu_n)$ 和 $D=(D_1\ D_2\cdots D_n)$，则有

$$\begin{cases} E(Z) = \mu_Z(\mu_1,\mu_2,\cdots,\mu_n;D_1,D_2,\cdots,D_n) \\ D(Z) = D_Z(\mu_1,\mu_2,\cdots,\mu_n;D_1,D_2,\cdots,D_n) \end{cases} \tag{12.11}$$

式中，$E(Z)$ 为均值函数；$D(Z)$ 为方差函数。

若结构的低疲劳循环极限方程（12.10）各参数服从正态分布，则结构的可靠度与失效概率可表示为

$$P_r = \Phi\left(\frac{\mu_z}{\sqrt{D_z}}\right), P_f = 1 - \Phi\left(\frac{\mu_z}{\sqrt{D_z}}\right) \tag{12.12}$$

式中，P_r 为可靠度；P_f 为失效概率；μ_z 为均值矩阵；D_z 为方差矩阵。

灵敏度反映了输入随机变量对结构系统响应失效概率的敏感程度，从而确定影响因素较大的输入随机变量，为结构优化提供指导作用[37]。

用 GRNNERSM 进行可靠性分析时，输入随机变量的均值矩阵 μ 和方差矩阵 D 的灵敏度表达式为

$$\begin{aligned}
\frac{\partial P_r}{\partial \mu^{\mathrm{T}}} &= \frac{\partial P_r}{\partial(\mu_z / \sqrt{D_z})}\left(\frac{\partial(\mu_z / \sqrt{D_z})}{\partial \mu_z}\frac{\partial \mu_z}{\partial \mu^{\mathrm{T}}} + \frac{\partial(\mu_z / \sqrt{D_z})}{\partial D_z}\frac{\partial \mu_z}{\partial \mu^{\mathrm{T}}}\right) \\
\frac{\partial P_r}{\partial D^{\mathrm{T}}} &= \frac{\partial P_r}{\partial(\mu_z / \sqrt{D_z})}\left(\frac{\partial(\mu_z / \sqrt{D_z})}{\partial \mu_z}\frac{\partial \mu_z}{\partial D^{\mathrm{T}}} + \frac{\partial(\mu_z / \sqrt{D_z})}{\partial D_z}\frac{\partial \mu_z}{\partial D^{\mathrm{T}}}\right)
\end{aligned} \tag{12.13}$$

式中，

$$\begin{cases}
\dfrac{\partial P_r}{\partial(\mu_z / \sqrt{D_z})} = P_r \\[2mm]
\dfrac{\partial(\mu_z / \sqrt{D_z})}{\partial \mu_z} = \dfrac{1}{\sqrt{D_z}} \\[2mm]
\dfrac{\partial(\mu_z / \sqrt{D_z})}{\partial D_z} = -\dfrac{\mu_z}{2}D_z^{-\frac{3}{2}} \\[2mm]
\dfrac{\partial \mu_z}{\partial \mu^{\mathrm{T}}} = \left(\dfrac{\partial \mu_z}{\partial \mu_1}\ \dfrac{\partial \mu_z}{\partial \mu_2}\ \cdots\ \dfrac{\partial \mu_z}{\partial \mu_n}\right)^{\mathrm{T}} \\[2mm]
\dfrac{\partial \mu_z}{\partial D^{\mathrm{T}}} = \left(\dfrac{\partial \mu_z}{\partial D_1}, \dfrac{\partial \mu_z}{\partial D_2}, \cdots, \dfrac{\partial \mu_z}{\partial D_n}\right)^{\mathrm{T}} \\[2mm]
\dfrac{\partial D_z}{\partial \mu^{\mathrm{T}}} = \left(\dfrac{\partial D_z}{\partial \mu_1}, \dfrac{\partial D_z}{\partial \mu_2}, \cdots, \dfrac{\partial D_z}{\partial \mu_n}\right)^{\mathrm{T}} \\[2mm]
\dfrac{\partial D_z}{\partial D^{\mathrm{T}}} = \left(\dfrac{\partial D_z}{\partial D_1}, \dfrac{\partial D_z}{\partial D_1}, \cdots, \dfrac{\partial D_z}{\partial D_1}\right)^{\mathrm{T}}
\end{cases} \tag{12.14}$$

12.4　算　　例

12.4.1　随机变量的选取

选用某型号航空发动机涡轮叶盘为研究对象。材料为 GH4133B 高温合金，对叶盘进行低循环疲劳寿命可靠性分析时，以叶盘叶尖温度 T_a、叶根温度 T_b、叶盘转速 ω、材料密度 ρ、导热系数 λ、弹性模量 E、疲劳强度系数 σ'_f、疲劳延性系数 ε'_f、疲劳强度指数 b、疲劳延性指数 c 为输入随机变量，且相互独立，服从正态分布。其分布特征如表 12.2 所示。

表 12.2　输入随机变量的分布特征

随机变量	均值 μ	标准差 δ	分布特征
材料密度 $\rho/$（kg/m^3）	8210	410.5	正态分布
叶盘转速 $\omega/$（rad/s）	1168	58.4	正态分布
弹性模量 $E/$MPa	163000	4890	正态分布
叶尖温度 $T_a/$K	1473.15	73.658	正态分布
叶根温度 $T_b/$K	1173.2	60.658	正态分布
疲劳强度系数 σ'_f	1419	70.95	正态分布
疲劳延性系数 ε'_f	50.5	2.525	正态分布
疲劳强度指数 b	−0.1	0.005	正态分布
疲劳延性指数 c	−0.84	0.042	正态分布
导热系数 $\lambda/$（W/(m·℃)）	23	0.005	正态分布

12.4.2　叶盘低循环疲劳寿命确定性分析

叶盘工作时，气动载荷引起的叶盘应力远小于离心载荷和热载荷引起的叶盘应力，本节进行的是方法研究，为简化计算，此处不考虑气动载荷[38]。叶盘的热-固耦合仿真分析在 Workbench16.0 平台下完成，使用的工作站参数为（CPU 为 Xeon E5-2630v3，8 核双线程，内存为 64GB）。由于叶盘具有对称性，为了减少分析过程计算量，以叶盘的 1/40 为研究对象，选择四面体单元划分网络，如图 12.6 所示。划分 17111 个单元，共得到 31380 个节点。先进行热力学分析，采用经验公式（12.15）模拟叶盘的温度场进行热-固耦合分析。

$$T = T_a + (T_a - T_b)\frac{R^m - R_a^m}{R_b^m - R_a^m} \tag{12.15}$$

对于 GH4133B 高温合金，式中 m=2。

图 12.6　1/40 叶盘有限元模型网格划分图

将分析得到的温度场以载荷的形式加载到静力分析中，将离心载荷加载到叶盘结构中，对叶盘热-固耦合求解，得到叶盘的温度云图、等效应力云图和等效应变云图的分布如图 12.7 所示。由图 12.7 可知，叶盘的最大应力和最大应变都位于叶片根部，最大应力为 1057.7MPa，最大应变为 8.1427×10^{-3}。

选择叶片根部最大应变点区域为研究对象，在热-固耦合的基础上对叶盘低循环疲劳寿命进行确定性分析。根据 Mason-Coffin 公式（12.1）和 Miner 公式（7.3），由有限元分析得到叶盘结构最大应变点的疲劳寿命值，如图 12.7（d）所示，叶盘的最小寿命为 8900.6 次循环。

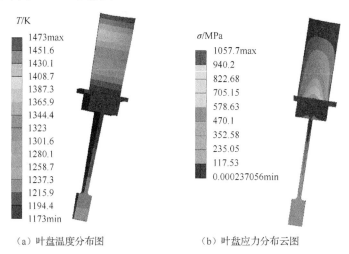

（a）叶盘温度分布图　　　　　　　　　　（b）叶盘应力分布云图

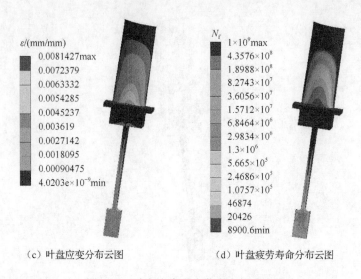

（c）叶盘应变分布云图　　　　　　（d）叶盘疲劳寿命分布云图

图 12.7　叶盘应力和疲劳寿命的响应图

12.4.3　基于 GRNNERSM 叶盘低循环疲劳寿命模型的建立

以表 12.2 的参数为输入随机变量，使用拉丁超立方抽样技术，对其随机抽取 150 组样本值，并对每个样本组求解有限元基本方程，得到对应的叶盘低循环疲劳寿命在分析区域的输出响应，将每组输入随机变量及其对应的输出响应的最小值作为抽样样本。其中，前 120 组数据作为 GRNNERSM 数学模型的训练数据，后 30 组作为 GRNNERSM 的测试数据。

选取高斯函数作为隐含层传递函数，采用欧式距离函数求隐含层权值矩阵 $LW_{1,1}$，训练的输出作为隐含层与输出层的连接权值 $LW_{2,1}$。由于输入随机变量和输出响应在数量级上相差较大，如果直接使用样本数据训练广义回归神经网络，会造成较大误差，因此先对原始数据进行归一化，用归一化后的数据训练广义回归神经网，使用交叉验证法对网络参数进行计算，得到最优光滑因子 $\sigma=0.29$。通过式（12.2）～式（12.6）计算得出隐含层权值矩阵 $LW_{1,1}$、输出层权值矩阵 $LW_{2,1}$ 如式（12.16）所示，阀值矩阵 b 如式（12.17）所示。

将光滑因子 $\sigma=0.29$ 和矩阵（12.16）代入式（12.6）中，得到 GRNNERSM 数学模型。将剩下的 30 组数据代入 GRNNERSM 数学模型进行预测运算，网络预测结果如图 12.8 所示，可知 GRNNERSM 的逼近效果和原始数据基本吻合，数据偏差较小。

$$\begin{cases}\mathbf{LW}_{1,1}=\begin{pmatrix}-0.4189 & 0.0946 & \cdots & 0.9054 & 0.9459 & 0.7973\\-0.8912 & -0.5646 & \cdots & 0.7415 & -0.2517 & -0.1020\\1.0000 & -0.5646 & \cdots & -0.7415 & 0.7959 & -0.5510\\-0.7852 & -0.7315 & \cdots & -0.8792 & -0.1678 & 0.4765\\0.2245 & -0.8639 & \cdots & -0.2789 & -0.6190 & -0.3878\\0.5839 & 0.3020 & \cdots & 0.2483 & 1.0000 & -0.7315\\0.6510 & 0.2752 & \cdots & -0.6644 & 0.1678 & -0.5973\\-0.6892 & 0.8514 & \cdots & 0.6216 & -0.9865 & -0.4865\\-0.0470 & -0.5302 & \cdots & 0.7584 & 0.6107 & 0.0336\\-0.1757 & -0.8108 & \cdots & 0.7432 & 0.2838 & -0.3919\end{pmatrix}_{10\times120}^{T}\\\mathbf{LW}_{2,1}=\begin{pmatrix}-0.9061 & -0.8701 & \cdots & -0.9627 & -0.9968 & -0.9400\end{pmatrix}_{1\times120}\end{cases}\tag{12.16}$$

$$b=\begin{pmatrix}2.8710 & 2.8710 & \cdots & 2.8710 & 2.8710 & 2.8710\end{pmatrix}_{1\times120}^{T}\tag{12.17}$$

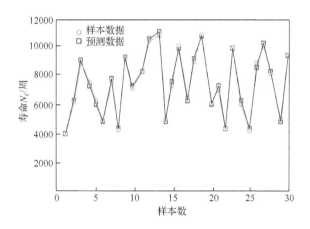

图 12.8　30 组样本的 GRNNERSM 模型预测结果

12.4.4　基于广义回极值响应面法的叶盘低循环疲劳寿命可靠性分析

　　利用 MCM 对输入随机变量进行 10000 次的随机抽样,将抽得的样本点归一化后代入训练好的 GRNNERSM 函数计算输出响应值,并将输出响应进行归一化处理,对 GRNNERSM 模型抽样结果进行统计分析,得到叶盘低循环疲劳寿命点历史仿真图、分布直方图和累积分布图如图 12.9 所示。由图 12.9 可知,叶盘的最小疲劳寿命均值为 9419 循环次数,标准差为 967。设许用值 y^{*}=6000 循环次数,将输出响应值代入极限方程式(12.10)~式(12.12)得出叶盘最小疲劳寿命的可靠度为 P_{r}=0.99848。

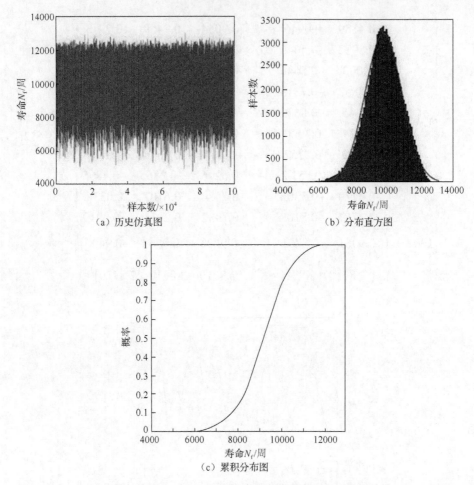

（a）历史仿真图　　　　　　　　　（b）分布直方图

（c）累积分布图

图 12.9　基于 GRNNERSM 的叶盘疲劳寿命可靠性分析结果

12.4.5　基于 GRNNERSM 的叶盘低循环疲劳灵敏度分析

　　灵敏度能够反映出输入随机变量对叶盘可靠性分析的敏感程度，从中找到主要影响因素。通过灵敏度公式（12.13）～式（12.14）对叶盘疲劳寿命进行灵敏度计算，结果如图 12.10 和表 12.3 所示。

　　由表 12.3 和图 12.10 可知，疲劳延性指数 c 和温度 T 是影响叶盘低循环疲劳寿命的主要因素，其影响概率分别为 41.30% 和 26.16%。灵敏度前的"+"号表示对应的输入变量对叶盘低循环疲劳寿命呈正相关，"−"则表示该输入变量对叶盘低循环疲劳寿命呈负相关。综合考虑叶盘低循环疲劳寿命的失效情况，疲劳延性指数 c 对叶盘低循环疲劳可靠度影响最大，温度的升高会使叶盘的低循环疲劳寿命的失效概率增大。由此为叶盘的低循环疲劳寿命的优化设计提供了依据，优化设计时，首先考虑疲劳延性指 c 和温度 T 的影响，再考虑其他因素的影响。

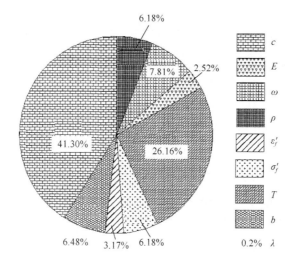

图 12.10　叶盘低循环疲劳寿命灵敏度分布图

表 12.3　输入随机参数的灵敏度和影响概率

变量	灵敏度/10^{-3}	影响概率/%
ρ	-0.41586	6.18
ω	-0.52565	7.81
λ	$+0.0132$	0.20
E	$+0.16948$	2.52
T	-1.76022	26.16
σ'_f	$+0.41615$	6.18
ε'_f	$+0.21311$	3.17
b	$+0.43585$	6.48
c	$+2.7929$	41.30

12.4.6　方法验证

　　为了验证 GRNNERSM 的计算效率和精度，在相同的计算条件下，分别用 MCM、ERSM 和 GRNNERSM 对叶盘低循环疲劳寿命可靠度进行分析并进行比较，各种分析方法的计算时间和可靠度如表 12.4 和表 12.5 所示。

　　由于计算机的性能和内存关系，MCM 的仿真时间随样本数的增加而大幅度增加，对样本进行大批量抽样运算时，电脑无法完成，因此对 MCM 只进行到 10000 次仿真分析。以 MCM 的 10000 次仿真结果为准确值，使用式（12.18）对 ERSM 和 GRNNERSM 的精度进行计算比较，结果如表 12.4 所示。

表 12.4　三种方法的计算时间

样本数量	不同仿真次数下的计算时间/s			提高时间/s	提高效率/%
	MCM	ERSM	GRNNERSM		
10^2	5400	1.249	1.201	0.048	3.843
10^3	14400	1.266	1.201	0.065	5.134
10^4	432000	1.681	1.311	0.370	15.18
10^5	—	2.437	1.342	1.095	44.93
10^6	—	4.312	2.138	2.174	50.42

表 12.5　不同模拟次数下可靠性分析方法计算精度

样本数量	可靠度			精度 D_p/%		提高精度/%
	MCM	ERSM	GRNNERSM	ERSM	GRNNERSM	
10^2	0.85	0.76	0.79	76.24	79.25	3.01
10^3	0.976	0.947	0.968	95.00	97.11	2.11
10^4	0.9968	0.9824	0.9973	98.56	99.95	1.39
10^5	—	0.98181	0.99848	98.49	99.83	1.34
10^6	—	0.98262	0.99587	98.58	99.91	1.33

$$D_p = 1 - \frac{\gamma_a - \gamma_m}{\gamma_a} \tag{12.18}$$

式中，γ_a 为 MCM 进行的可靠度仿真结果；γ_m 为 ERSM 和 GRNNERSM 在不同模拟次数下的可靠度。

由表 12.4 可知，随着模拟次数的增加，GRNNERSM 计算效率比 MCM 的计算效率快几千到几十万倍；与 ERSM 相比，在 10000 次模拟下 GRNNERSM 减少了 0.048s 的计算时间，提高了 15.18%的计算效率。

由表 12.5 可知，GRENN 法的计算精度为 0.9995，与 MCM 基本一致，相对于 ERSM 提高了 1.39%。随着仿真次数的增加，所提出的 GRNNERSM 在计算精度和计算效率上的优势越来越明显。因此，GRNNERSM 是一种高精度、高效率的结构可靠性分析方法。

13　疲劳-蠕变耦合损伤可靠性分析的分布协同广义回归响应面法

多对象、多学科、多目标耦合失效模式的可靠性分析，与一般的结构可靠性分析相比，需要巨大的计算量，并且要考虑它们之间的协同问题。使用常规的数值分析方法，其计算精度和计算效率是难以接受的。为了探索更多的分析方法，本章将分布协同响应面法（distributed collaborative response surface method, DCRSM）的多对象、多学科的协同能力与广义回归神经网络小样本拟合能力相结合，提出了分布协同广义回归响应面法（distributed collaborative generalized regression response surface method, DCGRRSM）；以航空发动机涡轮轮盘-叶片为例，以温度、转速、材料属性以及对流换热系数为输入变量，轮盘-叶片的疲劳-蠕变耦合损伤为输出响应，对其进行可靠性分析，最后将 DCGRRSM 与 MCM、DCRSM 进行了比较，验证分布协同广义回归响应面法的有效性。

13.1　基　本　思　想

以航空发动机高压涡轮轮盘-叶片为例，基于 DCGRRSM 可靠性分析的基本思想如下。

（1）将涡轮轮盘-叶片损伤问题分解为轮盘和叶片的疲劳损伤和蠕变损伤问题，分别建立轮盘和叶片有限元模型。

（2）设置输入随机变量（即气体温度、轮盘转速、材料参数和热膨胀系数）和边界条件，对轮盘和叶片分别进行热-固耦合分析，得到轮盘和叶片的应力云图、蠕变应变云图和疲劳寿命云图，使用 L-M 蠕变持久寿命预测方程、Miner 线性累积损伤准则及 GH4133B 的疲劳-蠕变损伤关系式，求出轮盘和叶片的疲劳损伤、蠕变损伤以及疲劳蠕变耦合损伤。

（3）用拉丁超立方抽样方法抽取小批量输入随机变量样本，通过有限元仿真和数值运算得到轮盘和叶片的输出响应。

（4）对训练样本进行归一化处理，使用交叉验证法迭代，得到最优的光滑因子、隐含层权值和隐含层与输出层的连接权值，训练各对象疲劳损伤和蠕变损伤的分布式广义回归响应面法模型。

（5）检验各对象的分布式广义回归响应面法（distributed generalized regression

response surface method, DGRRSM）模型的精度，如果不满足精度要求，返回步骤（3）；如果满足精度要求，进行步骤（6）。

（6）用 DGRRSM 对轮盘-叶片的疲劳损伤和蠕变损伤进行可靠性分析，得到损伤输出响应分布。

（7）利用协调法（式（7.3）～式（7.5）、式（7.7）），将四个分布式广义回归响应面模型协同起来，建立轮盘-叶片疲劳-蠕变耦合损伤的协同广义回归响应面法（collaborative generalized regression response surface method, CGRRSM）模型。

（8）使用 MCM 对 DCGRRSM 模型进行大批量抽样，计算输出响应，得到轮盘-叶片的疲劳-蠕变耦合损伤的可靠性分析。

综上所述，基于 DCGRRSM 高压涡轮轮盘-叶片的疲劳-蠕变耦合损伤的可靠性分析流程如图 13.1 所示。

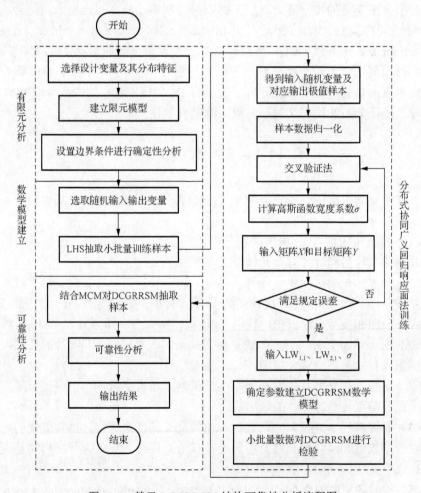

图 13.1　基于 DCGRRSM 结构可靠性分析流程图

13.2 基 本 理 论

疲劳-蠕变耦合损伤的基本理论如 7.1 节所示，GH4133B 疲劳-蠕变损伤曲线如图 7.1 所示。

13.2.1 分布协同响应面法的数学理论

对于多对象、多学科、多目标耦合失效模式的协同分析，采用分布协同响应面法建立其数学模型[39]。

响应面法函数如式（3.9）所示。以响应面模型为基础，建立多对象、多学科、多目标耦合失效模式可靠性分析数学模型，假设该结构可靠性分析涉及 m 个对象，每个对象又涉及 n 个学科，其中 $m, n \in Z$。若第 p 个对象的第 q 学科的输入样本为 $X^{(pq)}$，则对应的输出响应 $Y^{(pq)}$ 为

$$Y^{(pq)} = f(X^{(pq)}), \quad p = 1, 2, \cdots, m; q = 1, 2, \cdots, n \tag{13.1}$$

式中，$p = 1 \sim m$，为研究对象数；$q = 1 \sim n$，为学科数。

将式（13.1）写成响应面函数形式，即

$$Y^{(pq)} = A_0^{(pq)} + B^{(pq)} X^{(pq)} + (X^{(pq)})^{\mathrm{T}} C^{(pq)} X^{(pq)} \tag{13.2}$$

式中，$A_0^{(pq)}$、$B^{(pq)}$ 和 $C^{(pq)}$ 分别为单对象、单学科响应面函数的常数项、一次项系数矩阵和二次项系数矩阵。式（13.2）的这种关系称为单对象、单学科的子模型分布式响应面函数，式中：

$$B^{(pq)} = \begin{pmatrix} b_1^{(pq)} & b_2^{(pq)} & \cdots & b_k^{(pq)} \end{pmatrix} \tag{13.3}$$

$$C^{(pq)} = \begin{pmatrix} c_{11}^{(pq)} & & & & \\ c_{21}^{(pq)} & c_{22}^{(pq)} & & & \\ c_{31}^{(pq)} & c_{32}^{(pq)} & c_{33}^{(pq)} & & \\ \vdots & \vdots & \vdots & & \\ c_{k1}^{(pq)} & c_{k2}^{(pq)} & c_{k3}^{(pq)} & \cdots & c_{kk}^{(pq)} \end{pmatrix} \tag{13.4}$$

$$X^{(pq)} = \begin{pmatrix} x_1^{(pq)} & x_2^{(pq)} & \cdots & x_k^{(pq)} \end{pmatrix}^{\mathrm{T}} \tag{13.5}$$

其中，k 为单对象、单学科输入随机变量数。

将每个对象的所有学科响应面模型的输出响应 $\left\{ Y^{(pq)} \right\}_{p,q=1}^{m,n}$ 作为单对象响应面模型的输入随机变量 $X^{(p)}$，即

$$X^{(p)} = \left\{ Y^{(pq)} \right\}_{p,q=1}^{m,n} \tag{13.6}$$

假设输出响应为 $Y^{(p)}$，则响应面函数可表示为

$$Y^{(p)} = f(X^{(p)}) = A_0^{(p)} + B^{(p)} X^{(p)} + (X^{(p)})^{\mathrm{T}} C^{(p)} X^{(p)} \tag{13.7}$$

式中，$A_0^{(p)}$、$B^{(p)}$ 和 $C^{(p)}$ 均为响应面函数的系数。

同理，将所有装配对象的响应面模型的输出响应 $\left\{Y^{(p)}\right\}_{p=1}^{m}$ 作为整体协同响应面模型的输入随机变量 $\tilde{X}$，即

$$\tilde{X} = \left\{Y^{(p)}\right\}_{p=1}^{m} \tag{13.8}$$

则整体响应面模型的输出响应 Y 为

$$\tilde{Y} = f(\tilde{X}) = \tilde{A}_0 + \tilde{B}\tilde{X} + \tilde{X}^{\mathrm{T}} \tilde{C} \tilde{X} \tag{13.9}$$

式中，$\tilde{A}_0$、$\tilde{B}$ 和 $\tilde{C}$ 均为响应面函数系数。式（13.9）的这种关系称为多对象、多学科的协同响应面函数。

上述分析过程是将式（3.9）或式（3.26）形式的响应面模型分解为形成如式（13.2）、式（13.7）和式（13.9）等多个分布式响应面模型，这种分析方式称为分布协同响应面。总体响应面与各对象各学科的分响应面之间是"由总到分"的关系，总体响应分析过程是"分到总"的分析过程。

13.2.2　分布协同广义回归响应面数学模型

为了提高多对象、多学科耦合失效模式可靠性分析的计算精度和效率，将分布协同响应面法与广义回归神经网络的非线性拟合能力相结合，构造分布协同广义回归响应面数学模型。

单对象单学科响应面函数：

$$Y^{(pq)} = f(X^{(pq)}) = \frac{\mathrm{LW}_{2,1}^{pq} \left(a_i^{pq}\right)^{\mathrm{T}}}{\sum\limits_{j=1}^{Q} a_{ij}^{pq}} \tag{13.10}$$

式中，$\mathrm{LW}_{2,1}^{pq}$ 和 a_{ij}^{pq} 分别为单对象、单学科广义回归响应面模型的输出层权值矩阵和隐含层输出矩阵，$a_i^{pq} = (a_{i1}^{pq}, a_{i2}^{pq}, \cdots, a_{iQ}^{pq})$。式（13.10）称为分布式响应面函数。

单对象多学科响应面函数：

$$Y^{(p)} = f(X^{(P)}) = \frac{\mathrm{LW}_{2,1}^{p} \left(a_i^{p}\right)^{\mathrm{T}}}{\sum\limits_{j=1}^{Q} a_{ij}^{p}} \tag{13.11}$$

式中，$LW_{2,1}^p$ 和 a_{ij}^p 分别为单对象多学科广义回归响应面模型的隐含层权值矩阵、输出层权值矩阵和隐含层输出矩阵，$a_i^p = \begin{pmatrix} a_{i1}^p & a_{i2}^p & \cdots & a_{iQ}^p \end{pmatrix}$。

则多对象、多学科的整体协同响应面模型的输出响应 $\tilde{Y}$ 为

$$\tilde{Y} = f(\tilde{X}) = \frac{L\tilde{W}_{2,1}\left(\tilde{a}_i\right)^{\mathrm{T}}}{\sum_{j=1}^{Q} \tilde{a}_{ij}} \tag{13.12}$$

式中，$L\tilde{W}_{2,1}$ 和 $\tilde{a}_{ij}$ 分别为整体 CGRRSM 的隐含层权值矩阵、输出层权值矩阵和隐含层输出矩阵，$\tilde{a}_i = \begin{pmatrix} \tilde{a}_{i1} & \tilde{a}_{i2} & \cdots & \tilde{a}_{ij} \end{pmatrix}$。

通过上述分析，将多对象、多学科组合的广义回归响应面法模型分解为多个子系统的广义回归响应面法模型，如式（13.10）、式（13.11）和式（13.12）。这种方法称为分布协同广义回归响应面法（DCGRRSM）。

13.3　算　　例

13.3.1　输入随机变量的选取

选用某型号航空发动机 I 级高压涡轮轮盘-叶片为研究对象，设置材料为 GH4133B 高温合金，选取转子材料密度 ρ、转速 ω、导热系数 λ、气体温度 T、弹性模量 E 和疲劳性能参数作为输入随机变量，设输入随机变量彼此相互独立且服从正态分布，统计特征如表 13.1 所示。

表 13.1　输入随机变量的分布特征

轮盘				叶片			
随机变量	均值	标准差	分布类型	随机变量	均值	标准差	分布类型
$\rho/(\mathrm{kg/m^3})$	8210	246.3	正态分布	$\rho/(\mathrm{kg/m^3})$	8210	246.3	正态分布
$\omega/(\mathrm{rad/s})$	1168	35.04	正态分布	$\omega/(\mathrm{rad/s})$	1168	35.04	正态分布
$\lambda/(\mathrm{W/(m\cdot{}^\circ C)})$	23.7	0.711	正态分布	$\lambda/(\mathrm{W/(m\cdot{}^\circ C)})$	23.7	0.711	正态分布
T_{a1}/K	831	24.93	正态分布	T_{a2}/K	1295	38.85	正态分布
T_{b1}/K	473	14.19	正态分布	T_{b2}/K	831	24.93	正态分布
E/GPa	163	4.89	正态分布	E/GPa	163	4.89	正态分布
σ_f'	1419	42.57	正态分布	σ_f'	1419	42.57	正态分布
ε_f'	50.5	1.515	正态分布	ε_f'	50.5	1.515	正态分布
b	−0.1	0.003	正态分布	b	−0.1	0.003	正态分布
c	−0.84	0.025	正态分布	c	−0.84	0.025	正态分布

13.3.2　确定性分析

轮盘-叶片的热-固耦合仿真分析在 Workbench16.0 平台下完成,采用六面体单元对轮盘-叶片的有限元模型进行网格划分,因为该单元可以精确模拟温度分布和蠕变分析功能, 分别得到轮盘单元节点 66399 个和单元 32926 个、叶片单元节点 26266 个和单元 7333 个, 如图 13.2 所示。轮盘-叶片工作在高温状态下, 先进行热力学分析, 根据热传导经验公式（12.15）, 将高温燃气的热量传递到轮盘-叶片结构上进行温度场分析, 得到轮盘-叶片的温度云图如图 13.3 所示。将分析得到的温度场以载荷的形式加载到静力分析中, 在考虑蠕变和循环载下的疲劳作用下, 得到轮盘-叶片的应力云图、蠕变应变云图、低循环疲劳寿命云图, 如图 13.4 所示。

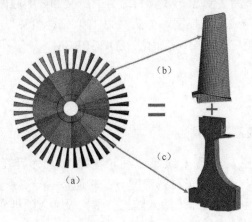

图 13.2　有限元模型

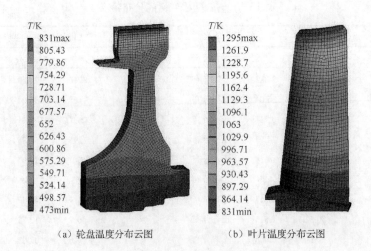

（a）轮盘温度分布云图　　　　（b）叶片温度分布云图

图 13.3　轮盘-叶片的温度分布云图

（a）轮盘应力分布云图　　（b）叶片应力分布云图

（c）轮盘蠕变应变分布云图　　（d）叶片蠕变应变分布云图

（e）轮盘疲劳寿命分布云图　　（f）叶片疲劳寿命分布云图

图 13.4　轮盘-叶片的分布图

　　通过 MATLAB 软件使用 L-M 蠕变持久寿命预测方程（式（7.1））、Miner 线性累积损伤准则（式（7.3）～式（7.5））及 GH4133B 的疲劳-蠕变损伤关系式

（式（7.7））进行程序编辑，通过运算求出轮盘和叶片的疲劳损伤 D_f、蠕变损伤 D_c 以及疲劳-蠕变耦合损伤 D，如表 13.2 所示。

表 13.2　轮盘-叶片的疲劳-蠕变耦合损伤计算结果

名称	疲劳损伤 D_f	蠕变损伤 D_c	疲劳-蠕变总损伤 D
轮盘	0.2399	0.0531	0.2870
叶片	0.2423	0.0832	0.3255

13.3.3　基于 DCGRRSM 模型建立

将表 13.1 中输入随机变量的统计特征导入各有限元模型中，使用拉丁超立方抽样得到 150 组轮盘-叶片的样本数据，将前 120 组数据作为分布式广义回归响应面（DGRRSM）数学模型的训练数据，后 30 组作为 DGRRSM 的测试数据。

选取高斯函数作为隐含层传递函数，采用欧式距离函数求隐含层权值矩阵 $LW_{1,1}$，训练的输出作为隐含层与输出层的连接权值 $LW_{2,1}$，使用交叉验证法对网络参数进行计算，分别得到轮盘最优光滑因子 σ_{Df}=0.46 和 σ_{Dc}=0.42，叶片的最优光滑因子 σ_{Df}=0.57 和 σ_{Dc}=0.47 和对应的隐含层权值矩阵 $LW_{1,1}$、输出层权值矩阵 $LW_{2,1}$ 和阀值矩阵 b 如式（13.13）～式（13.16）所示。

将矩阵（式（13.13）～式（13.16））分别代入式（7.2）～式（7.7）中，得到轮盘-叶片疲劳损伤和蠕变损伤的 DGRRSM 数学模型。将剩下的 30 组数据代入 DGRRSM 数学模型进行预测运算，网络预测结果如图 13.5 和图 13.6 所示，均方根误差（RMSE）如表 13.3 所示。由图 13.5、图 13.6 和表 13.3 可知 DGRRSM 的逼近效果和原始数据基本吻合，均方根误差（root mean square error, RMSE）数据偏差较小。

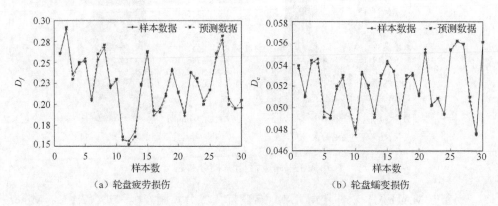

（a）轮盘疲劳损伤　　　　　　　　　　（b）轮盘蠕变损伤

图 13.5　轮盘疲劳损伤和蠕变损伤预测结果

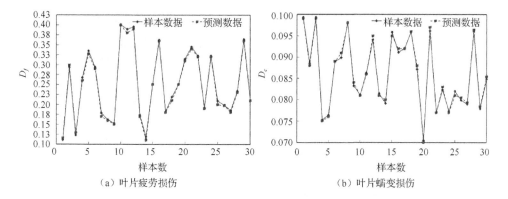

（a）叶片疲劳损伤　　　　　　　（b）叶片蠕变损伤

图 13.6　叶片疲劳损伤和蠕变损伤预测结果

$$D_f \begin{cases} \mathrm{LW}_{1,1} = \begin{pmatrix} -0.8658 & -0.5436 & \cdots & 0.2215 & 0.5705 \\ -0.4228 & 0.0872 & \cdots & -0.9866 & 0.8523 \\ \cdots & \cdots & \cdots & \cdots \\ 0.2162 & -0.8649 & \cdots & -0.9595 & -0.2973 \\ 0.9866 & -0.5570 & \cdots & 0.3289 & -0.2215 \end{pmatrix}^{\mathrm{T}}_{10\times120} \\ \mathrm{LW}_{2,1} = \begin{pmatrix} 0.3656 & -0.2349 & \cdots & -0.6531 & -0.1684 \end{pmatrix}_{1\times120} \\ b = \begin{pmatrix} 1.8100 & 1.8100 & \cdots & 1.8100 & 1.8100 \end{pmatrix}^{\mathrm{T}}_{1\times120} \end{cases} \quad (13.13)$$

$$D_c \begin{cases} \mathrm{LW}_{1,1} = \begin{pmatrix} -0.6376 & -0.2886 & \cdots & 0.4899 & -0.2617 \\ -0.8658 & -0.5034 & \cdots & 0.2081 & 0.5034 \\ \cdots & \cdots & \cdots & \cdots \\ -0.7297 & -1.0000 & \cdots & -0.6468 & -0.4865 \\ 0.8792 & 0.4765 & \cdots & -0.3423 & 0.9597 \end{pmatrix}^{\mathrm{T}}_{10\times120} \\ \mathrm{LW}_{2,1} = \begin{pmatrix} -0.7442 & 0.0552 & \cdots & -0.6346 & -0.4920 \end{pmatrix}_{1\times120} \\ b = \begin{pmatrix} 1.9823 & 1.9823 & \cdots & 1.9823 & 1.9823 \end{pmatrix}^{\mathrm{T}}_{1\times120} \end{cases} \quad (13.14)$$

$$D_f \begin{cases} \mathrm{LW}_{1,1} = \begin{pmatrix} 0.5023 & 0.9060 & \cdots & -0.8212 & 0.2617 \\ 0.3960 & -0.7450 & \cdots & 0.5436 & 0.6644 \\ \cdots & \cdots & \cdots & \cdots \\ 0.2070 & -0.2703 & \cdots & -0.1486 & 0.7703 \\ -0.7584 & 0.8255 & \cdots & 0.0201 & -0.6520 \end{pmatrix}^{\mathrm{T}}_{10\times120} \\ \mathrm{LW}_{2,1} = \begin{pmatrix} 0.9895 & -0.3209 & \cdots & -0.4764 & 0.2300 \end{pmatrix}_{1\times120} \\ b = \begin{pmatrix} 1.4607 & 1.4607 & \cdots & 1.4607 & 1.4607 \end{pmatrix}^{\mathrm{T}}_{1\times120} \end{cases} \quad (13.15)$$

$$
D_c
\begin{cases}
LW_{1,1} =
\begin{pmatrix}
-0.1946 & -0.9195 & \cdots & 0.1141 & -0.5705 \\
-0.3557 & 0.5436 & \cdots & -0.7047 & 0.7347 \\
\cdots & \cdots & \cdots & \cdots & \cdots \\
0.9595 & -0.3243 & \cdots & -0.4730 & 0.1081 \\
0.9329 & -0.1275 & \cdots & -0.1007 & 0.5973
\end{pmatrix}^{T}_{10 \times 120} \\
LW_{2,1} = \begin{pmatrix} -0.6664 & 0.1820 & \cdots & -0.7441 & 0.6106 \end{pmatrix}_{1 \times 120} \\
b = \begin{pmatrix} 1.7715 & 1.7715 & \cdots & 1.7715 & 1.7715 \end{pmatrix}^{T}_{1 \times 120}
\end{cases}
\tag{13.16}
$$

表 13.3　DGRRSM 数学模型预测值的均方根误差

名称	样本数		RMSE/10^{-4}
	训练样本	测试样本	
轮盘 D_f	120	30	4.28
轮盘 D_c	120	30	5.32
叶片 D_f	120	30	6.89
叶片 D_c	120	30	4.17

　　用 DGRRSM 模型代替轮盘-叶片有限元仿真模型,利用 MCM 对各 DGRRSM
模型进行 10000 次动态概率分析,得到轮盘-叶片疲劳损伤和蠕变损伤分布直方
图,如图 13.7 和图 13.8 所示。轮盘-叶片疲劳损伤和蠕变损伤的分布特征如表 13.4
所示。

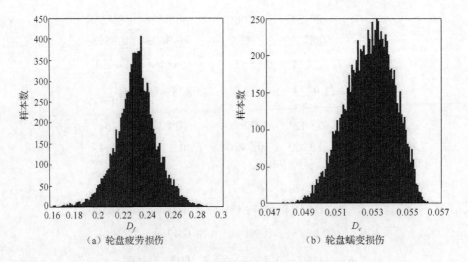

（a）轮盘疲劳损伤　　　　　　　　　　（b）轮盘蠕变损伤

图 13.7　轮盘疲劳损伤和蠕变损伤分布直方图

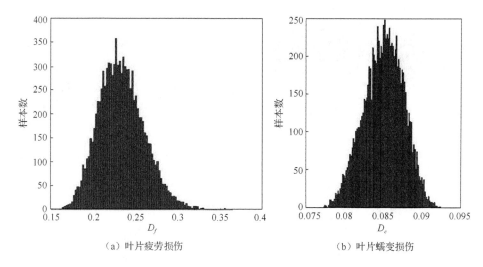

（a）叶片疲劳损伤　　　　　　　　　（b）叶片蠕变损伤

图 13.8　叶片疲劳损伤和蠕变损伤分布直方图

表 13.4　轮盘-叶片疲劳损伤和蠕变损伤的分布特征

特征	轮盘 D_f	轮盘 D_c	叶片 D_f	叶片 D_c
均值	0.23379	0.052824	0.24233	0.083491
标准差	0.015991	0.0014299	0.02841	0.0026004
分布特征	正态分布	正态分布	正态分布	正态分布

13.3.4　DCGRRSM 的疲劳-蠕变耦合损伤可靠性分析

将轮盘-叶片的疲劳损伤和蠕变损伤输出响应作为疲劳-蠕变耦合损伤可靠性分析的输入变量，将式（7.3）～式（7.7）作为疲劳-蠕变耦合损伤动态概率分析的协同广义响应面（CGRRSM）函数，利用 MCM 对输入随机变量进行 10000 次的随机抽样，将抽得的样本点归一化后代入训练好的 CGRRSM 函数，计算输出响应值，得到轮盘-叶片的疲劳-蠕变耦合损伤 D 的历史仿真图、分布直方图和概率累积图，如图 13.9 所示。轮盘均值为 0.2857，标准差为 0.0161，叶片均值为 0.32549，标准差为 0.03177。当轮盘-叶片的疲劳-蠕变耦合损伤许用值分别取 0.2272 和 0.2476 时，D 的失效数为 44，轮盘-叶片的疲劳-蠕变耦合损伤的可靠度为 0.9956，计算时间为 2.317s。

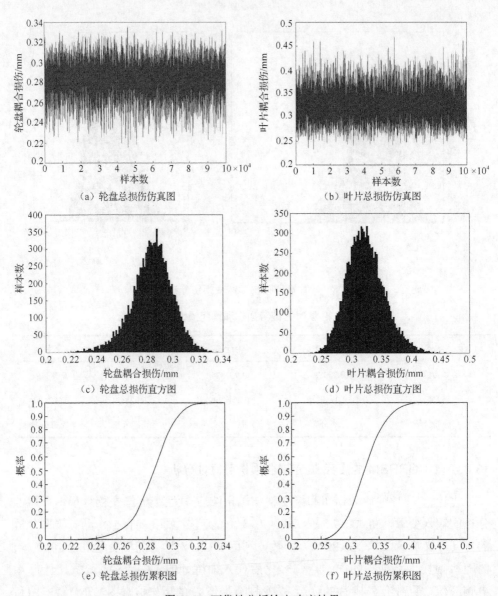

图 13.9　可靠性分析输出响应结果

13.3.5　方法验证

为了验证 DCGRRSM 的精度和效率，在相同的抽样条件下，分别用 MCM、DCRSM 和 DCGRRSM 对轮盘-叶片的疲劳-蠕变耦合损伤进行可靠性分析，当轮盘-叶片的疲劳-蠕变耦合损伤许用值分别取 0.2272 和 0.2476 时，在不同的模拟次数下的计算时间和可靠度如表 13.5 和表 13.6 所示。

表 13.5　三种方法的计算时间

样本数量	不同仿真次数下的计算时间/s				
	10^2	10^3	10^4	10^5	10^6
MCM	10800	106000	962000		
DCRSM	1.622	2.549	5.071	21.74	154.34
DCGRRSM	1.201	1.279	2.317	3.466	5.543

表 13.6　不同模拟次数下可靠性分析方法精度对比

样本数量	可靠度			精度 D_p /%		提高精度/%
	MCM	DCRSM	DCGRRSM	DCRSM	DCGRSM	
10^2	1	1	1	100	100	0
10^3	0.999	0.989	0.997	98.999	99.799	0.8
10^4	0.9969	0.9885	0.9956	99.157	99.869	0.712
10^5	—	0.98926	0.99621	99.234	99.931	0.697
10^6	—	0.989206	0.99635	99.228	99.945	0.717

　　由表 13.5 可知，随着仿真次数的增加，MCM、DCRSM 和 DCGRRSM 的计算时间都增多。对于 MCM 来说，大于 10000 次的仿真需要大量计算运行时间，因此 MCM 无法满足大批量仿真运算，而对于 DCRSM 和 DCGRRSM 只需少量时间，就可以轻易实现 10^2 到 10^6 次的仿真运算。在 10^4 次仿真情况下，与 DCRSM 相比较，DCGRRSM 计算效率提高了 54.3%。由表 13.6 可知，DCGRRSM 的计算精度高于 DCRSM，与 MCM 相当，在 10^4 次仿真情况下，DCGRRSM 相对于 DCRSM 精度提高了 0.712%。

14 基于分布协同广义回归极值响应面法的可靠性分析方法

为了有效地解决复杂机械系统概率分析涉及的多对象、多学科、高度非线性协同可靠性分析计算精度和效率低的问题，本章将广义回归极值响应面法与分布式协同响应面多对象、多学科的协同能力相结合，提出分布协同广义回归极值响应面法（distributed collaborative generalized regression extreme response surface method, DCGRERSM）；以航空发动机为研究对象，考虑温度、转速、材料属性以及对流换热系数等因素的随机性，对航空发动机高压涡轮叶尖径向运行间隙（blade-tip radial running clearance, BTRRC）进行了可靠性分析，对 DCGRERSM 的可行性和有效性进行验证[40]。

14.1 基 本 思 想

以航空发动机高压涡轮为例，基于分布协同广义回归极值响应面法的可靠性分析方法的基本思想如下。

（1）分别建立轮盘、叶片和机匣的径向蠕变变形有限元模型。

（2）设置输入随机变量和边界条件，对每个对象进行热-固耦合分析，得出 [0s, 215s] 时间内叶尖径向运行间隙的变化规律，找出叶尖径向运行间隙的最小值点。

（3）用拉丁超立方抽样方法抽取小批量输入随机变量样本，通过有限元仿真得到轮盘、叶片和机匣的径向蠕变变形输出响应。将每组样本及其对应的输出响应的最大值作为训练样本。

（4）对训练样本进行归一化处理，使用交叉验证法迭代得到最优的光滑因子、隐含层权值和隐含层与输出层的连接权值，训练各对象径向蠕变变形的分布广义回归极值响应面法（distributed generalized regression extreme response surface method, DGRERSM）模型。

（5）检验各对象的分布广义回归极值响应面法模型的精度，如果不满足精度要求，返回步骤（3）；如果满足精度要求，进行步骤（6）。

（6）用分布式广义回归极值响应面对轮盘、叶片和机匣径向蠕变变形进行可靠性分析，得到最大输出响应分布。

（7）利用协调法（式（14.11））将三个分布式广义回归极值响应面法（DGRERSM）模型协同起来建立叶尖径向运行间隙的协同广义回归极值响应面（CGRERSM）模型。

（8）使用 MCM 对输入随机变量进行大批量抽样，代入 DCGRERSM 模型计算输出响应，得到叶尖径向运行间隙可靠性。

综上所述，基于 DCGRERSM 高压涡轮叶尖径向运行间隙可靠性分析流程如图 14.1 所示。

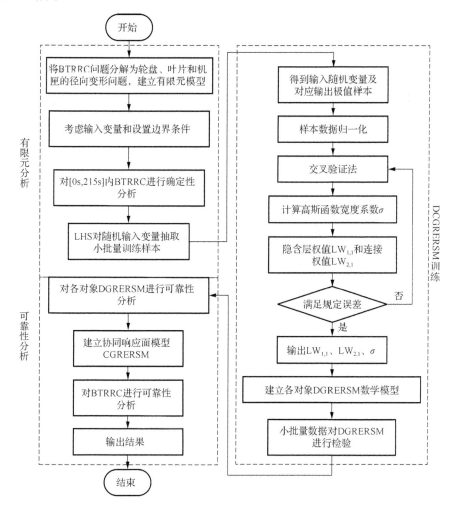

图 14.1　基于 DCGRERSM 的可靠性分析流程图

14.2　基　本　理　论

14.2.1　高温蠕变理论

受载零部件长时间暴露于高温中，即使应力远低于屈服强度，也会积累永久性变形，这种永久性变形称为蠕变[41]。

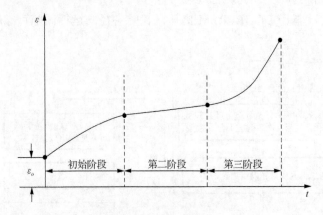

图 14.2　蠕变曲线

蠕变曲线描述的是结构材料的应变随时间 t 的变化关系，如图 14.2 所示。工程上常采用 Norton 隐式蠕变模型描述结构材料的蠕变第二阶段本构关系[42]。

$$\Delta\varepsilon_{\text{creep}} = C_1 \sigma^{C_2} \exp^{-C_3/T} \qquad (14.1)$$

式中，$\Delta\varepsilon_{\text{creep}}$ 为蠕变应变；$C_i(i{=}1,2,3)$ 为材料蠕变参数；T 为试验温度。

GH4133B 材料蠕变参数通过循环载荷下蠕变拉伸试验得到。将试验得到的数据以最小二乘法回归分析，拟合出 GH4133B 材料蠕变参数如表 14.1 所示。

表 14.1　GH4133B 材料蠕变参数

系数	蠕变参数值
C_1	8.892×10^{-13}
C_2	7.436
C_3	1.267

14.2.2　DCGRERSM 的数学理论

在 GRNNERSM 的多对象、多学科动态概率分析中，首先将包含多个系统元素（子组件）的整体模型拆分成多个单对象、单学科的子模型，将"大的"多对象、多学科整体模型的概率分析，分解为相应"小的"单对象、单学科子模型概率分析，利用单对象、单学科概率分析的响应特征，构造分布式广义回归极值响应面模型。采用 DGRERSM 的极值输出响应作为协同广义回归极值响应面法（collaborative generalized regression extreme response surface method，CGRERSM）的输入参数，进行动态概率分析。该过程等价于集成各个子模型来处理极值输出响应之间的协作关系，并进一步实现了多对象、多学科动态概率分析。

假设某机械结构涉及 m 个对象，每个对象涉及 n 个学科，其中 $m,n \in Z$，复杂的多对象、多学科问题被转化成一系列简单的单对象、单学科问题。当第 p 个对象的第 q 个学科的输入样本为 $X^{(pq)}$，对应的输出响应 $Y^{(pq)}$ 为

$$Y^{(pq)} = f(X^{(pq)}), \ p = 1,2,\cdots,m; q = 1,2,\cdots,n \tag{14.2}$$

$$X^{pq} = \begin{pmatrix} x_1^{pq} & x_2^{pq} & \cdots & x_k^{pq} \end{pmatrix}^{\mathrm{T}} \tag{14.3}$$

式中，k 为单学科的随机变量数。

因此，单对象、单学科的分布式响应面函数为

$$Y^{(pq)} = f(X^{(pq)}) = \max \left\{ \frac{\mathrm{LW}_{2,1}^{pq} \left(a_i^{pq} \right)^{\mathrm{T}}}{\sum\limits_{j=1}^{Q} a_{ij}^{pq}} \right\} \tag{14.4}$$

式中，$\mathrm{LW}_{2,1}^{pq}$ 和 a_{ij}^{pq} 分别为 GRNNERSM 输出层权值矩阵和隐含层输出矩阵，$a_i^{pq} = \begin{bmatrix} a_{i1}^{pq} & a_{i2}^{pq} & \cdots & a_{iQ}^{pq} \end{bmatrix}$。式（14.4）称为分布式响应面函数。

将第 p 个对象的第 q 个学科响应面模型的输出响应 $\left\{ Y^{(pq)} \right\}_{pq=1}^{m,n}$（$p=1,2,\cdots m$；$q=1,2,\cdots,n$）作为第 p 个对象响应面模型的输入随机变量 $X^{(p)}$，即

$$X^{(p)} = \left\{ Y^{(pq)} \right\}_{pq=1}^{m,n} \tag{14.5}$$

假设第 p 个对象输出变量为 $Y^{(p)}$，则响应面函数可表示为

$$Y^{(p)} = f(X^{(P)}) = \max \left\{ \frac{\mathrm{LW}_{2,1}^{p} \left(a_i^{p} \right)^{\mathrm{T}}}{\sum\limits_{j=1}^{Q} a_{ij}^{p}} \right\} \tag{14.6}$$

式中，$\mathrm{LW}_{2,1}^{p}$ 和 a_{ij}^{p} 分别为 GRNNERSM 的输出层权值矩阵和隐含层输出矩阵，$a_i^{p} = \begin{bmatrix} a_{i1}^{p} & a_{i2}^{p} & \cdots & a_{iQ}^{p} \end{bmatrix}$。

同理，将所有装配对象的响应面模型的输出响应 $\left\{Y^{(p)}\right\}_{p=1}^{m}$（$p=1,2,\cdots,m$）作为整体协同响应面模型的输入随机变量 $\tilde{X}$，即

$$\tilde{X} = \left\{Y^{(p)}\right\}_{p=1}^{m} \tag{14.7}$$

则多对象、多学科的整体协同响应面模型的输出响应 $\tilde{Y}$ 为

$$\tilde{Y} = f(\tilde{X}) = \max\left\{\frac{L\tilde{W}_{2,1}\left(\tilde{a}_i\right)^{\mathrm{T}}}{\sum_{j=1}^{Q}\tilde{a}_{ij}}\right\} \tag{14.8}$$

式中，$L\tilde{W}_{2,1}$ 和 $\tilde{a}_{ij}$ 分别为 GRNNERSM 的输出层权值矩阵和隐含层输出矩阵，$\tilde{a}_i = \begin{pmatrix} \tilde{a}_{i1} & \tilde{a}_{i2} & \cdots & \tilde{a}_{ij} \end{pmatrix}$。

通过上述分析，将多对象、多学科组合的 GRNNERSM 模型（式（14.2））分解为多个子系统的 GRNNERSM 模型，如式（14.4）、式（14.6）和式（14.8），这种方法称为分布协同广义回归极值响应面法。

14.2.3　DCGRERSM 可靠性分析数学理论

假设 $Y_d(t)$、$Y_b(t)$ 和 $Y_c(t)$ 分别代表 t 时刻的涡轮盘、叶片和机匣的径向变形，则航空发动机叶尖径向运行间隙的变形量 $\tau(t)$ 为

$$\tau(t) = Y_d(t) + Y_b(t) - Y_c(t) \tag{14.9}$$

假设 δ 是稳态叶尖径向运行间隙的许用值，t 时刻的叶尖径向运行间隙为

$$Y(t) = \delta - \tau(t) = \delta - Y_d(t) - Y_b(t) + Y_c(t) \tag{14.10}$$

当 $t=t_0$ 时，叶尖径向运行间隙达到最小，由式（14.10）可知，叶尖径向运行间隙的极限状态函数为

$$Y = \delta - Y_d - Y_b + Y_c \tag{14.11}$$

式中，Y_d、Y_b 和 Y_c 分别代表 t_0 时刻的涡轮盘、叶片和机匣的径向变形。

由极限状态方程式（14.11）可知，当 $Y>0$ 时，航空发动机叶尖径向运行间隙值小于许用值，叶盘结构安全，反之，叶盘失效。设式（14.11）中各输入随机变量相互独立，其均值和方差矩阵分别为 $\mu = (\mu_d \quad \mu_b \quad \mu_c)$ 和 $\sigma = (\sigma_d \quad \sigma_b \quad \sigma_c)$，则 Y 的期望和方差为

$$\begin{cases} E(Z) = \mu_Y(\mu_d, \mu_b, \mu_c; \sigma_d, \sigma_b, \sigma_c) \\ D(Z) = D_Y(\mu_d, \mu_b, \mu_c; \sigma_d, \sigma_b, \sigma_c) \end{cases} \tag{14.12}$$

式中，$E(Z)$为均值函数；$D(Z)$为方差函数。

叶尖径向运行间隙输出响应的可靠度 P_r 可表示为

$$P_r = \phi(\frac{\mu_z}{\sqrt{D_z}})\qquad(14.13)$$

式中，$\phi(\cdot)$为累积正态分布函数。

14.3　算　　例

选用某型号航空发动机 I 级高压涡轮叶尖径向运行间隙为研究对象，考虑高温蠕变对叶尖径向运行间隙的影响[43-46]，选取飞机从地面启动到巡航这一段飞行时间作为研究的范围，根据工作状态选取 12 个分析点，飞行载荷图如图 14.3 所示[47]。

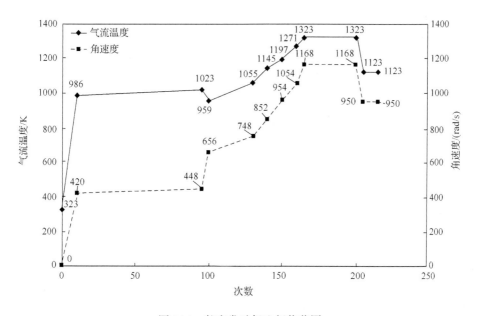

图 14.3　航空发动机飞行载荷图

14.3.1　有限元模型

通过分别建立有限元模型，采用六面体单元对轮盘、叶片和机匣的有限元模型进行网格划分，分别得到轮盘单元节点 66399 个和单元 32926 个，叶片单元节点 26266 个和单元 7333 个，机匣单元节点 66183 个和单元 9180 个，如图 14.4 所示。轮盘工作时温度分布为 A_1、A_2、A_3、B_1、B_2 和 B_3，叶片的温度分布 B_1、B_2

和 B_3。机匣衬环的膨胀和收缩引起机匣的径向变形和影响叶尖径向间隙，取其轴截面为研究对象，A、B、C 和 D 为涡轮机匣的 4 段。

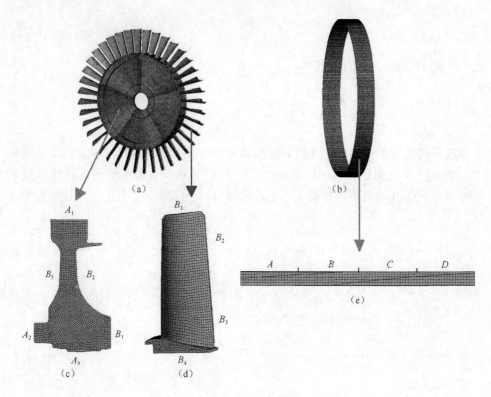

图 14.4　有限元模型

14.3.2　随机变量的选取

选取转子转速 ω、气体温度 T、导热系数 λ、弹性模量 E、对流换热系数 α、材料密度 ρ 作为输入随机变量，设输入随机变量彼此相互独立且服从正态分布，统计特征如表 14.2 所示。根据各对象与燃气温度换热特点[45]计算出各对象不同位置的温度和对流换热系数。轮盘输入随机变量中，T 的下角标 a1、a2、a3、b1 和 b2 分别表示轮盘 A_1、A_2、A_3、B_1 和 B_2 的位置，α 的下角标 d1、d2 和 d3 分别表示轮盘 B_1、B_2 和 B_3 的位置；叶片输入随机变量中，T 和 α 的下角标 b1、b2、b3 和 b4 分别表示叶片 B_1、B_2、B_3 和 B_4 的位置；机匣的输入随机变量中，T_i 和 T_o 分别表示机匣衬环的内测和外侧温度，α 的下角标 c1、c2、c3、c4 和 o 分别表示机匣衬环内侧 A 段、B 段、C 段、D 段和外侧。

表14.2　叶尖径向运行间隙的输入随机变量各数字特征

轮盘			叶片			机匣		
输入随机变量	均值	标准差	输入随机变量	均值	标准差	输入随机变量	均值	标准差
T_{a1}/K	813	24.39	T_{b1}/K	1303	39.09	T_i/K	1323	39.69
T_{a2}/K	483	14.49	T_{b2}/K	1253	37.59	T_o/K	593	17.79
T_{a3}/K	473	14.19	T_{b3}/K	1093	32.79	α_{c1}/(W/(m²·K))	6000	180.00
T_{b1}/K	518	15.54	T_{b4}/K	813	24.39	α_{c2}/(W/(m²·K))	5400	162.00
T_{b2}/K	593	17.79	α_{b1}/(W/(m²·K))	11756	352.68	α_{c3}/(W/(m²·K))	4800	144.00
α_{d1}/(W/(m²·K))	1527	45.81	α_{b2}/(W/(m²·K))	8253	247.59	α_{c4}/(W/(m²·K))	4200	126.00
α_{d2}/(W/(m²·K))	1082	32.46	α_{b3}/(W/(m²·K))	6547	196.41	α_o/(W/(m²·K))	2600	78.00
α_{d3}/(W/(m²·K))	864	25.92	α_{b4}/(W/(m²·K))	3130	93.90	ρ/(kg/m³)	8210	246.3
ρ/(kg/m³)	8210	246.3	ρ/(kg/m³)	8210	246.3	E/GPa	163	4.89
E/GPa	163	4.89	E/GPa	163	4.89	λ/(W/(m·℃))	23.7	0.711
λ/(W/(m·℃))	23.7	0.711	λ/(W/(m·℃))	23.7	0.711	—	—	—
ω/(rad/s)	1168	35.04	ω/(rad/s)	1168	35.04	—	—	—

14.3.3　各对象确定分析

　　航空发动机叶尖径向运行间隙进行确定性分析时，气动载荷引起的涡轮盘和机匣的应力远小于离心载荷和热载荷引起的应力，所以气动载荷不予考虑。根据航空发动机飞行载荷图数据，首先进行正常状态下热-固耦合有限元分析，然后再进行有蠕变影响状态下热-固耦合有限元分析，分别得到两种情况下各对象径向变形 $Y_d(t)$、$Y_b(t)$ 和 $Y_c(t)$ 随飞行时间变化曲线，如图14.5（a）～（c）所示。假设稳态叶尖径向间隙 $\delta=2.0$mm，由式（14.9）～式（14.10）可得叶尖径向运行间隙 $Y(t)$ 随时间的变化，如图14.5（d）所示。

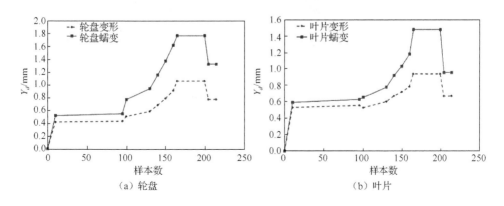

（a）轮盘　　　　　　　　　　　　　（b）叶片

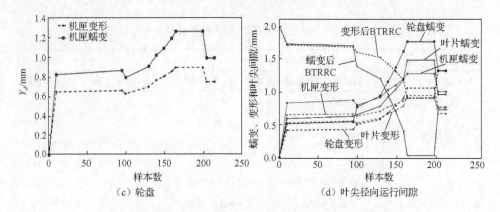

（c）轮盘　　　　　　　　　　　　（d）叶尖径向运行间隙

图 14.5　各对象径向变形和叶尖径向运行间隙变化曲线

从图 14.5 可以看出蠕变对航空发动机叶尖运行间隙有着重要影响，航空发动机从启动到巡航状态，叶尖径向运行间隙逐渐减小。$t=180s$ 时，叶尖径向运行间隙达到最小值，进入巡航状态后叶尖径向运行间隙又有所增加。因此选择 $t=180s$ 为研究点，对叶尖径向运行间隙进行确定性分析。$t=180s$ 时的各对象径向蠕变变形分布图如图 14.6 所示。

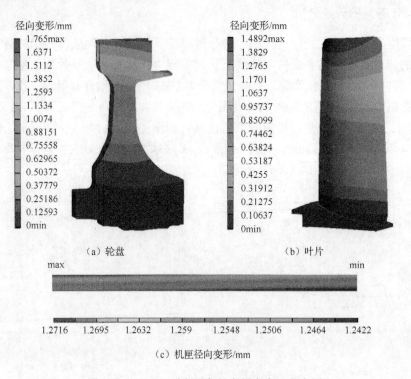

（a）轮盘　　　　　　　　　　　　（b）叶片

（c）机匣径向变形/mm

图 14.6　$t=180s$ 时各对象径向蠕变变形分布图

由图 14.6 可知，在 $t=180\text{s}$ 时，轮盘、叶片和机匣的最大径向蠕变变形量分别为 1.765mm、1.4892mm 和 1.2716mm。RTRRC 的最大径向蠕变变形为 1.9826mm，选择 $t=180\text{s}$ 进行叶尖径向运行间隙可靠性分析。

14.3.4　基于 DCGRERSM 模型建立

使用拉丁超立方抽样对表 14.2 中的输入随机变量进行 150 次抽样，导入各有限元模型中得到轮盘、叶片和机匣的最大径向变形样本数据，将前 120 组样本作为分布式广义回归极值响应面数学模型的训练样本，后 30 组作为 DGRERSM 的测试样本。

选取高斯函数作为隐含层传递函数，采用欧几里得距离函数求隐含层权值矩阵 $\text{LW}_{1,1}$，训练的输出作为隐含层与输出层的连接权值 $\text{LW}_{2,1}$，使用交叉验证法对网络参数进行计算，分别得到最优光滑因子 $\sigma_d=0.87$、$\sigma_b=0.84$、$\sigma_c=0.76$ 和 Y_d、Y_b 和 Y_c 的隐含层权值矩阵 $\text{LW}_{1,1}$、输出层权值矩阵 $\text{LW}_{2,1}$ 和阀值矩阵 b 如式（14.14）～式（14.16）所示。

将矩阵式（14.14）～式（14.16）分别代入式（14.6）中，得到各个对象的 DGRERSM 数学模型。将剩下的 30 组数据代入 DGRERSM 数学模型进行预测运算，网络预测结果如图 14.7 所示，预测值和样本值的均方根误差（RMSE）如

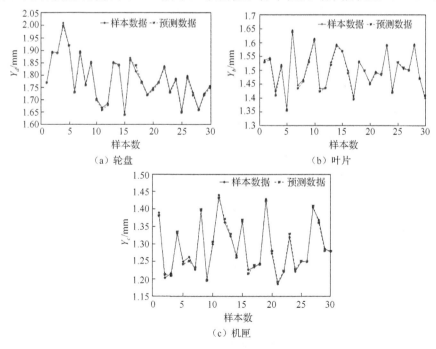

图 14.7　预测值与样本值

表 14.3 所示。由图 14.7 和表 14.3 可知 DGRERSM 的逼近效果和原始数据基本吻合，均方根误差（RMSE）数据偏差较小。

$$
Y_d \begin{cases}
\mathrm{LW}_{1,1} = \begin{pmatrix}
-0.4558 & -0.9929 & \cdots & -0.3568 & 0.8091 \\
-0.4982 & 0.1590 & \cdots & -0.0954 & -0.3114 \\
\vdots & \vdots & & \vdots & \vdots \\
0.2526 & -0.1632 & \cdots & -0.3617 & 0.9078 \\
0.7464 & -0.0422 & \cdots & 0.9718 & -0.7746
\end{pmatrix}^{\mathrm{T}}_{13\times120} \\
\mathrm{LW}_{2,1} = \begin{pmatrix} -0.1750 & -0.2068 & \cdots & 0.1850 & 0.4132 \end{pmatrix}_{1\times120} \\
b = \begin{pmatrix} 0.9571 & 0.9571 & \cdots & 0.9571 & 0.9571 \end{pmatrix}^{\mathrm{T}}_{1\times120}
\end{cases} \tag{14.14}
$$

$$
Y_b \begin{cases}
\mathrm{LW}_{1,1} = \begin{pmatrix}
-0.4189 & -0.1351 & \cdots & -0.2837 & -0.9594 \\
-0.8783 & 0.8918 & \cdots & -0.7702 & -0.8648 \\
\vdots & \vdots & & \vdots & \vdots \\
0.9865 & 0.5973 & \cdots & 0.0335 & -0.2080 \\
-0.7837 & 0.6351 & \cdots & 0.8783 & 0.4864
\end{pmatrix}^{\mathrm{T}}_{13\times120} \\
\mathrm{LW}_{2,1} = \begin{pmatrix} -0.3679 & 0.7012 & \cdots & 0.5980 & 0.7852 \end{pmatrix}_{1\times120} \\
b = \begin{pmatrix} 0.9911 & 0.9911 & \cdots & 0.9911 & 0.9911 \end{pmatrix}^{\mathrm{T}}_{1\times120}
\end{cases} \tag{14.15}
$$

$$
Y_c \begin{cases}
\mathrm{LW}_{1,1} = \begin{pmatrix}
-0.9865 & -0.1409 & \cdots & 0.89261 & 0.7852 \\
0.2162 & 0.8918 & \cdots & 0.7432 & -0.2432 \\
\vdots & \vdots & & \vdots & \vdots \\
0.3288 & 0.5973 & \cdots & -0.7315 & 0.7852 \\
-0.3825 & 0.6241 & \cdots & -0.8791 & -0.3659
\end{pmatrix}^{\mathrm{T}}_{13\times120} \\
\mathrm{LW}_{2,1} = \begin{pmatrix} 0.0594 & 0.4487 & \cdots & 0.3600 & -0.3760 \end{pmatrix}_{1\times120} \\
b = \begin{pmatrix} 1.2809 & 1.2809 & \cdots & 1.2809 & 1.2809 \end{pmatrix}^{\mathrm{T}}_{1\times120}
\end{cases} \tag{14.16}
$$

表 14.3　DGRERSM 数学模型预测值的均方根误差

部件名称	样本数量		RMSE/10^{-4}
	训练样本	测试样本	
轮盘	120	30	6.32
叶片	120	30	3.61
机匣	120	30	4.73

利用 MCM 对表 14.2 中的输入随机变量进行 10000 随机抽样，将样本值代入

DGRERSM 来代替轮盘、叶片和机匣的有限元分析，得到各对象径向蠕变变形分布直方图，如图 14.8 所示。Y_d、Y_b 和 Y_c 的分布特征如表 14.4 所示。

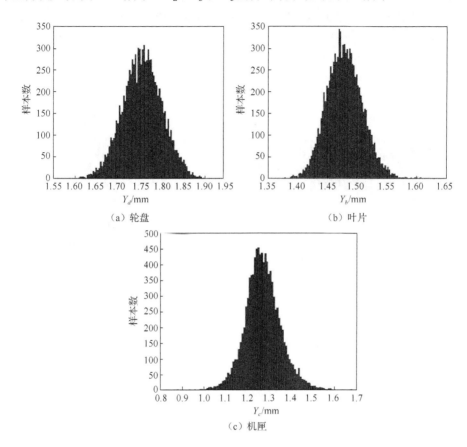

图 14.8　各对象输出径向变形分布直方图

表 14.4　三个对象最大径向蠕变变形的分布特征

特征	均值/10^{-3}m	标准差/10^{-5}m	分布特征
Y_d	1.7591	4.6693	正态分布
Y_b	1.4774	2.9457	正态分布
Y_c	1.2701	8.0059	正态分布

14.3.5　DCGRERSM 的叶尖径向运行间隙可靠性分析

将轮盘、叶片和机匣的径向蠕变变形输出响应作为叶尖径向运行间隙可靠性分析的输入变量，将式（14.9）和式（14.11）作为叶尖径向运行间隙动态概率分析的协同广义回归极值响应面法（CGRERSM），利用 MCM 对 CGRERSM 进行 10000 次模拟，得到 t=180s 时叶尖径向运行间隙最大蠕变变形量 τ 的历史仿真图、分布直方图和概率累积图，如图 14.9 所示。由图可知，均值为 1.9829mm，标准差为 0.07539mm。当 δ=2.2mm 时，Y 的失效数为 91，叶尖径向运行间隙的可靠度为 0.9909，计算时间为 1.216s。

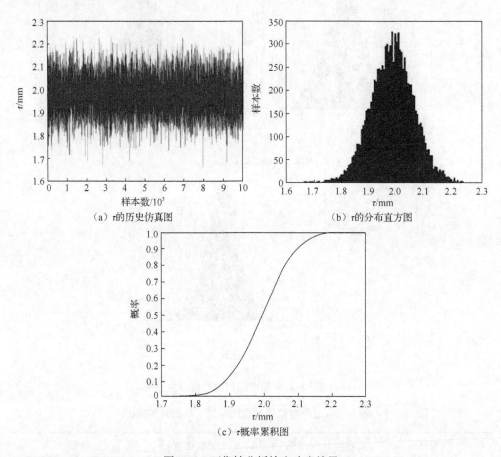

（a）τ的历史仿真图　　　　　　　　（b）τ的分布直方图

（c）τ概率累积图

图 14.9　可靠性分析输出响应结果

14.3.6　方法验证

为了验证 DCGRERSM 的有效性和可行性，在相同的模拟条件下，当许用值取 δ=2.2mm 时，在不同的模拟次数下 MCM、DCRSM 和 DCGRERSM 的计算时间如表 14.5 所示，MCM、DCRSM 和 DCGRERSM 的可靠度如表 14.6 所示。

表 14.5 三种方法的计算时间

方法	不同抽样次数下的计算时间/s				
	10^2	10^3	10^4	10^5	10^6
MCM	10080	111600	1330560	—	—
DCRSM	1.185	1.264	4.071	16.74	141.34
DCGRERSM	1.176	1.186	1.201	1.451	2.449

表 14.6 不同模拟次数下可靠性分析方法精度对比

样本数量	可靠度			精度 D_p/%		提升精度/%
	MCM	DCRSM	DCGRERSM	DCRSM	DCGRERSM	
10^2	0.99	0.97	0.99	97.822	99.839	2.017
10^3	0.992	0.978	0.994	98.628	99.758	1.130
10^4	0.9916	0.9787	0.9909	98.699	99.929	1.230
10^5	—	0.9793	0.9898	98.759	99.818	1.059
10^6	—	0.9779	0.9932	98.618	99.839	1.221

在 10000 次仿真情况下与 DCRSM 相比较，DCGRERSM 计算时间只有其 1/3，计算效率提高了 70.5%，说明 DCGRERSM 计算效率更高，并随着仿真次数增加，DCGRERSM 计算效率高的优势越显著。在计算精度上，由表 14.6 可看出，DCGRERSM 的计算精度几乎与 MCM 保持一致，在 10000 次模拟下与 DCRSM 相比，DCGRERSM 计算精度提升了 1.23%。

15 多目标协同可靠性优化设计

为了有效地解决复杂机械系统涉及的多对象、多学科、多目标协同可靠性优化设计计算精度和计算效率低的问题，本章结合多种群遗传算法的全局搜索优化能力与分布协同广义回归极值响应面法的优点，提出多种群遗传-分布协同广义回归极值响应面法（multiple population genetic algorithm-distributed collaborative generalized regression extreme response surface method，MPGA-DCGRERSM）的优化设计；以航空发动机为例，建立 DCGRERSM 数学模型，用 DCGRERSM 代替叶尖径向运行间隙有限元分析过程，完成可靠性和灵敏度分析，得到各输入随机变量对叶尖径向运行间隙可靠性的影响程度，然后以叶尖径向运行间隙的蠕变变形量为目标函数、可靠度及其他条件为约束函数，建立多目标协同可靠性优化设计（multi-objective synergy design optimization based reliability，MOSDOBR）模型，最后使用多种群遗传算法对 MOSDOBR 模型进行寻优迭代，得到优化目标的最优解。

15.1 基 本 思 想

以航空发动机高压涡轮为例，基于 MPGA-DCGRERSM 高压涡轮叶尖径向运行间隙可靠性优化设计的基本思想如下。

（1）将叶尖径向运行间隙问题分解为轮盘、叶片和机匣的径向蠕变变形问题，分别建立有限元分析（finite element analysis, FEA）模型，设置输入随机变量对其进行确定性分析。

（2）用拉丁超立方抽样抽取小批量输入随机变量样本，通过有限元仿真得到轮盘、叶片和机匣的径向蠕变变形输出响应，将每组输入样本及其对应的输出响应的最大值作为训练样本。

（3）对训练样本进行归一化处理，训练各对象径向蠕变变形的 DGRERSM 模型。检验各对象的 DGRERSM 模型的精度，如果不满足精度要求，返回步骤（3）；如果满足精度要求，进行步骤（4）。

（4）将 MCM 与 DCGRERSM 相结合，计算叶尖径向运行间隙的可靠度及各对象输入随机变量的灵敏度。

（5）以各对象的蠕变变形的极值响应为目标函数，各对象灵敏度值较大的输入随机变量为待优化变量，以可靠度为约束条件，建立多目标可靠性优化设计数学模型。

（6）设置多种群遗传算法相关参数，对 MOSDOBR 数学模型进行迭代寻优，完成可靠性优化设计。

综上所述，基于 MPGA-DCGRERSM 高压涡轮叶尖径向运行间隙可靠性优化设计分析流程如图 15.1 所示。

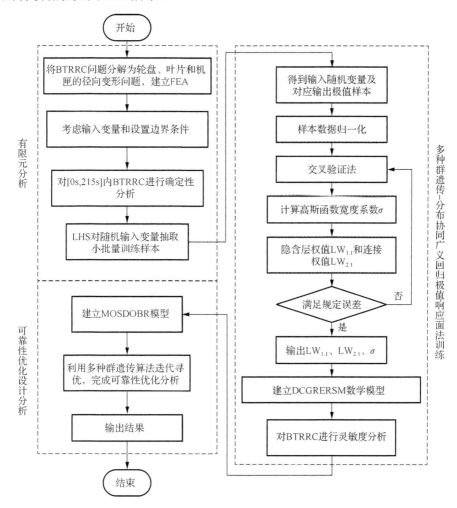

图 15.1　基于 MPGA-DCGRERSM 可靠性优化设计流程

15.2　基　本　理　论

遗传算法是一种仿效生物界的"物竞天择，适者生存"的进化型算法，具有高度随机性和自适应性的全局优化概率搜索算法。随着对遗传算法的不断深入研究，早熟收敛是遗传算法中存在的重大问题，主要表现在群体中的所有单位个体都趋于同一状态而停止进化，导致算法最终不能给出令人满意的解。针对早熟问题，人们提出一种多种群遗传算法（multiple population genetic algorithm，MPGA），取代常规的标准遗传算法。

标准遗传算法优化算法核心步骤包括选择、交叉、变异。

1. 选择

选择是从现有的群体中以一定概率的形式选取具有优良基因的个体组成新的种群，以繁殖得到优良的下一代。常用轮盘赌法来确定个体 i 被选中的概率：

$$p = \frac{F_i}{\sum\limits_{j=1}^{N} F_j} \tag{15.1}$$

式中，F_i 为个体的适应度值；N 为种群个体数目。

2. 交叉

交叉是指随机将两个父代，通过染色体交换组合而重新得到一个新子代，将父代的优良基因传递给子体，扩大了全局搜索能力。第 k 个染色体 a_k 和第 l 个染色体 a_l 在 j 位的交叉操作方法为

$$\begin{cases} a_{kj} = a_{ij}(1-b) + a_{lj}b \\ a_{lj} = a_{lj}(1-b) + a_{kj}b \end{cases} \tag{15.2}$$

式中，b 是区间[0,1]的随机数。

3. 变异

变异主要是保障种群的多样性。随机从种群中选取一个个体，以小概率对个体上一点进行变异，得到一个新的优秀个体的过程称为变异，扩大了局部搜索能力。第 i 个个体的第 j 个基因 a_{ij} 进行变异的操作方法为

$$a_{ij} = \begin{cases} a_{ij} + (a_{ij} - a_{max}) \times f(g), & r \geqslant 0.5 \\ a_{ij} + (a_{min} - a_{ij}) \times f(g), & r < 0.5 \end{cases} \tag{15.3}$$

$$f(g) = r_2(1 - g/G_{max})^2$$

式中，a_{max} 是基因 a_{ij} 的上界；a_{min} 是基因 a_{ij} 的下界；r_2 是一个随机数；g 是当前迭代次数；G_{max} 是最大进化次数；r 为区间[0,1]的随机数。

MPGA 在遗传算法的基础上进行改进，不再是仅靠一个种群进行进化，而是通过对多个种群赋予不同的控制参数，实现同时进行优化选择，兼顾了遗传算法的全局搜索和局部搜索；使用移民算子实现各种群之间的协同进化得到最优解。通过人工选择算子保存各种群每个进化代中的最优个体，即精华种群，并以此作为判断算法收敛的依据。

多种群遗传算法优化过程如下：

（1）初始化种群，生成一个含 M 个个体的初始化种群。

（2）对种群内各个体计算适应度值，选择具有优良基因的个体组成新的种群。

（3）确定交叉父代，随机选取两个父代，按交叉概率进行交叉，得到一个新的子代。

（4）对种群进行变异操作，从种群中随机抽取一个个体，产生随机数 r，对个体进行变异操作。

（5）移民算子将各种群在进化过程中出现的最优个体定期引入其他种群中，实现种群中信息交换。

（6）判断是否满足终止条件，不满足则执行（2）到（6），否则终止算法。

（7）通过遗传算法得出各种群的输出并进行人工选择，得到精华种群。

综上所述，基于多种群遗传算法流程如图 15.2 所示。

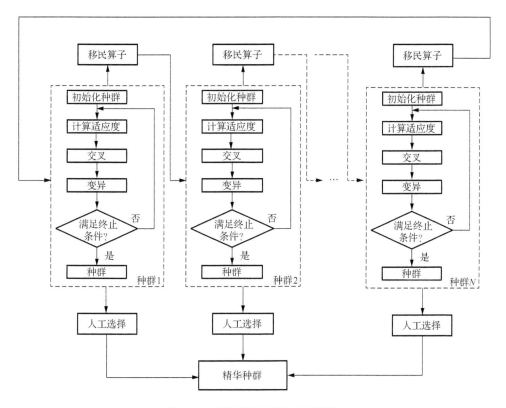

图 15.2 多种群遗传算法的流程图

15.2.1　灵敏度分析

对于多对象、多学科分布式协同灵敏度分析，详细分析步骤如下。

首先，计算第 p 个对象第 q 个学科中，输入随机变量对单对象、单学科输出响应 $Y^{(pq)}$ 的灵敏度和概率。

$$\begin{cases} S^{pq} = \begin{pmatrix} S_1^{pq} & S_2^{pq} & \cdots & S_v^{pq} \end{pmatrix} \\ P^{pq} = \begin{pmatrix} P_1^{pq} & P_2^{pq} & \cdots & P_v^{pq} \end{pmatrix} \end{cases} \tag{15.4}$$

同样，第 p 个对象的所有输出响应 $\{Y^{(pq)}\}_{q=1}^n$ 影响单对象输出响应 $Y^{(p)}$，并且所有输出响应 $\{Y^{(p)}\}_{p=1}^m$ 影响整个多对象、多学科的输出响应 Y，他们的灵敏度和概率表示为

$$\begin{cases} S^p = \begin{pmatrix} S_1^p & S_2^p & \cdots & S_n^p \end{pmatrix} \\ P^p = \begin{pmatrix} P_1^p & P_2^p & \cdots & P_n^p \end{pmatrix} \end{cases} \tag{15.5}$$

$$\begin{cases} S' = \begin{pmatrix} S_1 & S_2 & \cdots & S_m \end{pmatrix} \\ P' = \begin{pmatrix} P_1 & P_2 & \cdots & P_m \end{pmatrix} \end{cases} \tag{15.6}$$

式中，S 和 P 分别表示为灵敏度和概率。

其次，根据条件概率分析思想，得到了第 i 个输入随机变量在整个多对象、多学科输出响应 Y 中的灵敏度和概率。

$$\begin{cases} \tilde{S}_i^{pq} = S_i^{pq} \cdot S_s^p \cdot S_t \\ \tilde{P}_i^{pq} = P_i^{pq} \cdot P_s^p \cdot P_t \end{cases} \tag{15.7}$$

式中，$i=1,2,\cdots,p$；$q=1,2,\cdots,n$；$t=1,2,\cdots,m$。

最后，重复上述步骤，直到得到灵敏度和概率。同一变量在不同的对象和学科中的灵敏度和概率是叠加的。影响整个输出响应 Y 的输入随机变量的灵敏度 S 和概率 P 分别为

$$\begin{cases} S = \begin{pmatrix} S_1 & S_2 & \cdots & S_r \end{pmatrix} \\ P = \begin{pmatrix} P_1 & P_2 & \cdots & P_r \end{pmatrix} \end{cases} \tag{15.8}$$

式中，r 为输入随机变量的个数。

15.2.2 叶尖径向运行间隙可靠性优化设计数学模型

叶尖径向运行间隙多目标协同可靠性优化设计的基本思想：以各对象的蠕变变形的极值响应为目标函数，以各对象灵敏度值较大的输入随机变量为待优化变量，设置各变量的上下界，以可靠度及叶尖径向运行间隙中多目标协同关系为约束条件，建立 MOSDOBR 数学模型如式（15.9）所示：

$$
\begin{cases}
\text{Find} & x = (x_1, x_2, \cdots, x_n) \\
\text{min} & f(x) = \left(f_1(x), f_2(x), \cdots, f_m(x) \right) \\
\text{s.t.} & R_j \geqslant [R_{j0}] \\
& R \geqslant [R_0] \\
& f_l(x) \leqslant [\delta_0] \\
& \underline{x}_i \leqslant x_i \leqslant \overline{x}_i
\end{cases}
\tag{15.9}
$$

式中，R_j 为结构 j 的可靠度；$[R_{j0}]$ 为结构 j 的许用可靠度；R 为结构综合可靠度；$[R_0]$ 结构综合可靠度许用值；$[\delta_0]$ 为蠕变变形许用值；$\underline{x}_i$，$\overline{x}_i$ 分别为第 i 个输入变量的上下边界。

15.3 算 例

对于多对象、多学科、多目标协同分析的复杂机械结构，不能只对单构件进行可靠性优化设计，要对整体结构进行协同可靠性优化设计，以提高机械结构的安全性和可靠性。航空发动机叶尖径向运行间隙由轮盘、叶片和机匣等多个对象的瞬态变形共同决定[48]，工作环境中涉及多个学科协同作用，这里以航空发动机为例，进行多目标协同可靠性优化设计。

15.3.1 建立分布协同广义回归极值响应面模型

叶片径向运行间隙在工作载荷谱下的确定性分析详见 14 章，在这里不赘述。

选取高斯函数作为隐含层传递函数，采用欧几里得距离函数求隐含层权值矩阵 $LW_{1,1}$，训练的输出作为隐含层与输出层的连接权值 $LW_{2,1}$，使用交叉验证法对网络参数进行计算，分别得到最优光滑因子 σ_d=0.87、σ_b=0.84、σ_c=0.76 和 Y_d、Y_b 和 Y_c 的隐含层权值矩阵 $LW_{1,1}$、输出层权值矩阵 $LW_{2,1}$ 和阀值矩阵 b，如式（15.10）～式（15.12）所示。

$$Y_d \begin{cases} LW_{1,1} = \begin{bmatrix} -0.4558 & -0.9929 & \cdots & -0.3568 & 0.8091 \\ -0.4982 & 0.1590 & \cdots & -0.0954 & -0.3114 \\ \cdots & \cdots & \cdots & \cdots & \cdots \\ 0.2526 & -0.1632 & \cdots & -0.3617 & 0.9078 \\ 0.7464 & -0.0422 & \cdots & 0.9718 & -0.7746 \end{bmatrix}_{13 \times 120}^{T} \\ LW_{2,1} = \begin{bmatrix} -0.1750 & -0.2068 & \cdots & 0.1850 & 0.4132 \end{bmatrix}_{1 \times 120} \\ b = \begin{bmatrix} 0.9571 & 0.9571 & \cdots & 0.9571 & 0.9571 \end{bmatrix}_{1 \times 120}^{T} \end{cases} \quad (15.10)$$

$$Y_b \begin{cases} LW_{1,1} = \begin{pmatrix} -0.4189 & -0.1351 & \cdots & -0.2837 & -0.9594 \\ -0.8783 & 0.8918 & \cdots & -0.7702 & -0.8648 \\ \cdots & \cdots & \cdots & \cdots & \cdots \\ 0.9865 & 0.5973 & \cdots & 0.0335 & -0.2080 \\ -0.7837 & 0.6351 & \cdots & 0.8783 & 0.4864 \end{pmatrix}_{13 \times 120}^{T} \\ LW_{2,1} = \begin{pmatrix} -0.3679 & 0.7012 & \cdots & 0.5980 & 0.7852 \end{pmatrix}_{1 \times 120} \\ b = \begin{pmatrix} 0.9911 & 0.9911 & \cdots & 0.9911 & 0.9911 \end{pmatrix}_{1 \times 120}^{T} \end{cases} \quad (15.11)$$

$$Y_c \begin{cases} LW_{1,1} = \begin{pmatrix} -0.9865 & -0.1409 & \cdots & 0.89261 & 0.7852 \\ 0.2162 & 0.8918 & \cdots & 0.7432 & -0.2432 \\ \cdots & \cdots & \cdots & \cdots & \cdots \\ 0.3288 & 0.5973 & \cdots & -0.7315 & 0.7852 \\ -0.3825 & 0.6241 & \cdots & -0.8791 & -0.3659 \end{pmatrix}_{13 \times 120}^{T} \\ LW_{2,1} = \begin{pmatrix} 0.0594 & 0.4487 & \cdots & 0.3600 & -0.3760 \end{pmatrix}_{1 \times 120} \\ b = \begin{pmatrix} 1.2809 & 1.2809 & \cdots & 1.2809 & 1.2809 \end{pmatrix}_{1 \times 120}^{T} \end{cases} \quad (15.12)$$

15.3.2　用分布式协同广义回归神经网络极值响应面法对叶尖径向运行间隙的灵敏度分析

　　灵敏度能够反映出输入随机变量对叶尖径向运行失效概率的影响程度，有助于找到主要影响因素，指导结构设计。灵敏度包括灵敏度程度和影响概率。灵敏度是由输入参数对输出响应的正负号的影响来定义的。正号表示输入参数与输出响应呈正相关，负号为负相关。影响概率是由一个输入参数的灵敏度与所有输入参数的总灵敏度的比值来定义的。通过对叶尖径向运行间隙的灵敏度方程式（15.4）～式（15.8），分别得到轮盘、叶片和机匣输入随机变量的灵敏度，灵敏度结果如表 15.1、表 15.2 和图 15.3 所示（忽略灵敏度<0.001）。表中变量含义见 14 章。

表 15.1 输入随机变量的灵敏度和影响概率

轮盘			叶片			机匣		
变量	灵敏度	概率	变量	灵敏度	概率	变量	灵敏度	概率
ω	0.2567	35.28%	ω	0.1349	24.24%	T_i	0.1721	48.22%
T_{b2}	0.1709	23.49%	T_{b2}	0.0965	17.34%	T_o	0.0783	21.94%
ρ	0.1289	17.71%	λ	0.0916	16.46%	α_o	−0.0468	13.11%
E	−0.0699	9.61%	ρ	0.0676	12.15%	α_{c4}	0.0247	6.92%
T_{a3}	0.0566	7.78%	T_{b3}	0.0621	11.16%	α_{c1}	0.0215	6.02%
λ	0.0216	2.97%	T_{b4}	0.0588	10.57%	λ	0.0073	2.05%
T_{b1}	0.0115	1.58%	T_{b1}	0.0241	4.33%	α_{c3}	−0.0034	0.95%
T_{a1}	0.0077	1.05%	E	−0.0169	3.04%	α_{c2}	−0.0028	0.78%
T_{a2}	0.0038	0.52%	a_{b4}	−0.0022	0.40%	—	—	—

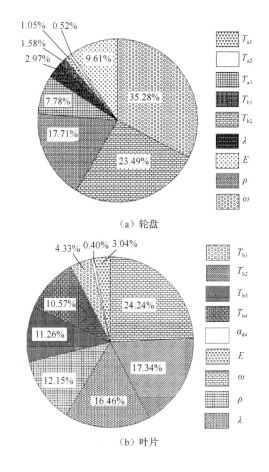

（a）轮盘

（b）叶片

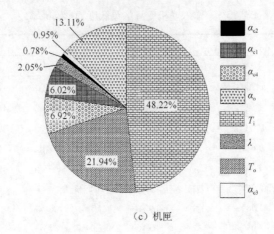

（c）机匣

图 15.3　轮盘、叶片和机匣的灵敏度分布

表 15.2　Y_d、Y_b 和 Y_c 灵敏度分析

种类	Y_d	Y_b	Y_c
灵敏度	0.8946	0.7513	−0.6459
概率	0.3903	0.3278	0.2818

由表 15.1、表 15.2 和图 15.3 所示可得到以下结论。

（1）对于轮盘径向蠕变变形，转速 ω 和温度 T_{a2} 是主要的影响参数，其灵敏度分别为 0.2567 和 0.1709，概率分别为 35.28%和 23.49%。其他参数对轮盘径向蠕变变形可靠性影响较小。

（2）对于叶片径向蠕变变形，转速 ω 和温度 T_{a2} 是主要的影响参数，其灵敏度分别为 0.1349 和 0.0965，概率分别为 24.24%和 17.34%。其他参数对叶片径向蠕变变形可靠性影响较小。

（3）对于机匣径向蠕变变形，温度 T_i 和 T_o 是最重要的影响因素，其灵敏度分别为 0.1721 和 0.0783，概率分别为 48.22%和 21.94%。其他参数对机匣径向蠕变变形可靠性影响较小。

（4）Y_d、Y_b 和 Y_c 对叶尖径向运行间隙有重要的影响。其中，Y_d 和 Y_b 对叶尖径向运行间隙表现呈正相关，而 Y_c 则表现呈负相关。

因此，在高压涡轮叶尖径向运行间隙设计中，应优先控制温度和转速。

15.3.3　叶尖径向运行间隙的多目标协同可靠性优化设计计算

主优化模型中，以叶尖径向运行间隙的可靠度为约束条件，以叶尖径向运行间隙的蠕变变形量为目标函数；子优化模型中，以轮盘、叶片的转速 ω 和温度 T，机匣的温度 T_i 和 T_o 为待优化变量，各对象的蠕变变形量为目标函数，各对象的可靠度为约束条件。建立 MOSDOBR 数学模型，如图 15.4 所示。

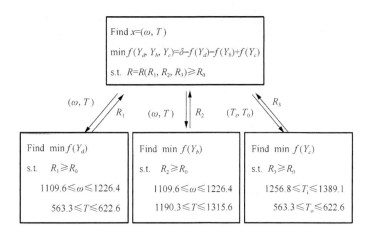

图 15.4　叶尖径向运行间隙的 MOSDOBR 数学模型

使用多种群遗传算法对以轮盘和叶片的转速 ω 和温度 T、机匣的温度 T_i 和 T_o 进行寻优，设置 MPGA 的相关参数：个体数目为 20，二进制位数为 20，种群数目为 10，交叉概率在区间[0.7,0.9]随机产生，变异概率在区间[0.001,0.05]随机产生，最优个体最少保持代数为 10。通过求解 MOSDOBR 模型，得到优化后的轮盘和叶片的转速 ω 和温度 T、机匣的温度 T_i 和 T_o，如表 15.3 所示，表中各量含义见 14 章。叶尖径向运行间隙各对象优化前后蠕变变形分布如图 15.5 所示。

表 15.3　各对象优化结果

设计变量	轮盘		叶片		机匣	
	ω	T	ω	T	T_i	T_o
原始数据	1168	593	1168	1253	1323	593
优化结果	1134	575	1134	1215	1283	575

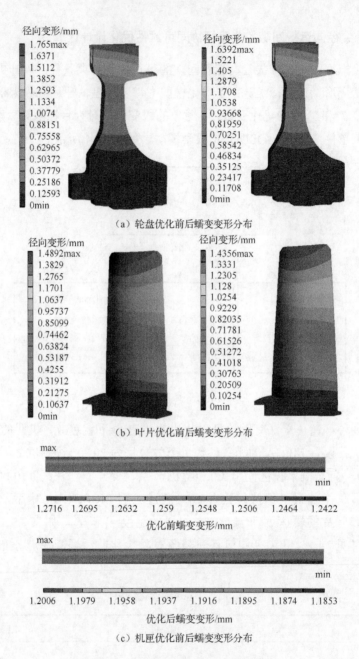

径向变形/mm
1.765max
1.6371
1.5112
1.3852
1.2593
1.1334
1.0074
0.88151
0.75558
0.62965
0.50372
0.37779
0.25186
0.12593
0min

径向变形/mm
1.6392max
1.5221
1.405
1.2879
1.1708
1.0538
0.93668
0.81959
0.70251
0.58542
0.46834
0.35125
0.23417
0.11708
0min

（a）轮盘优化前后蠕变变形分布

径向变形/mm
1.4892max
1.3829
1.2765
1.1701
1.0637
0.95737
0.85099
0.74462
0.63824
0.53187
0.4255
0.31912
0.21275
0.10637
0min

径向变形/mm
1.4356max
1.3331
1.2305
1.128
1.0254
0.9229
0.82035
0.71781
0.61526
0.51272
0.41018
0.30763
0.20509
0.10254
0min

（b）叶片优化前后蠕变变形分布

max   min
1.2716   1.2695   1.2632   1.259   1.2548   1.2506   1.2464   1.2422
优化前蠕变变形/mm

max   min
1.2006   1.1979   1.1958   1.1937   1.1916   1.1895   1.1874   1.1853
优化后蠕变变形/mm

（c）机匣优化前后蠕变变形分布

图 15.5   各对象优化前后蠕变变形分布

　　各对象及叶尖径向运行间隙优化前后的概率分布情况如图 15.6、图 15.7 和表 15.4 所示。

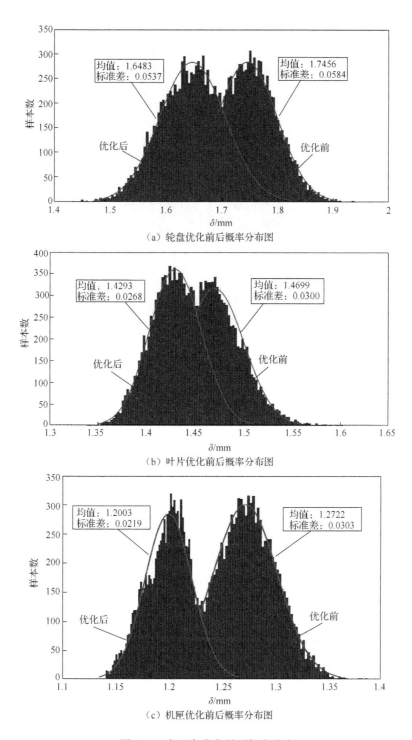

（a）轮盘优化前后概率分布图

（b）叶片优化前后概率分布图

（c）机匣优化前后概率分布图

图15.6 各对象优化前后概率分布

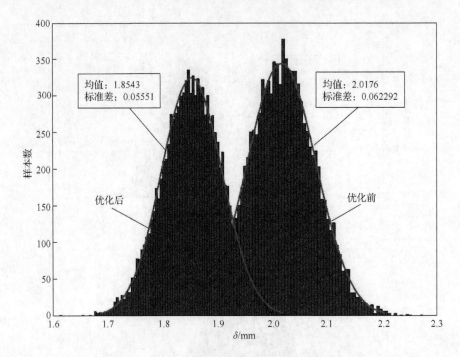

图 15.7　叶尖径向运行间隙优化前后概率分布图

表 15.4　优化结果

目标函数	优化前	优化后	降低
Y_d	1.7650	1.6392	0.1258
Y_b	1.4892	1.4356	0.0536
Y_c	1.2716	1.2006	0.0710
BTRRC	1.9826	1.8742	0.1084
R	99.18%	99.95%	−0.77%

由表 15.4 可知，使用 MPGA-DCGRERSM 对轮盘和叶片的转速 ω 和温度 T、机匣的温度 T_i 和 T_o 进行优化后，轮盘、叶片和机匣的蠕变变形分别降低了 0.1258、0.0536、0.0710，叶尖径向运行间隙变形量降低了 0.1084，可靠度提升了 0.77%。

参 考 文 献

[1] 张春宜. 基于可靠性的柔性机构优化设计理论与方法[D]. 北京: 北京航空航天大学, 2011.

[2] 张春宜, 白广忱. 基于基本杆组法的机构动态强度可靠性分析[J]. 中国机械工程, 2009, 20(12): 1489-1491.

[3] 张春宜. 机械设计C语言程序设计[M]. 北京: 高等教育出版社, 2001.

[4] 张春宜, 白广忱, 向敬忠, 等. 基于基本杆组法的曲柄滑块机构动态强度可靠性分析[J]. 机械科学与技术, 2012, 31(9): 1384-1389.

[5] 张义民, 黄贤振, 张旭方, 等. 不完全概率信息牛头刨床机构运动精度的可靠性优化设计[J]. 中国机械工程, 2008, (19): 2355-2358.

[6] 张春宜, 白广忱. 运动机构强度可靠性优化设计[J]. 机械强度, 2009, 31(3): 396-400.

[7] Byeng D Y, Kyung K C. A new response surface methodology for reliability-based design optimization[J]. Computers and Structures, 2004, 82(2-3): 241-256.

[8] 郭秩维. 机械可靠性和优化若干问题研究[D]. 北京: 北京航空航天大学, 2010.

[9] Bucher C G, Bourgund U. A fast and efficient response surface approach for structural reliability problems[J]. Structural Safety, 1990, 7(1): 57-66.

[10] 张建国, 苏多, 刘英卫. 机械产品可靠性分析与优化[M]. 北京: 电子工业出版社, 2008.

[11] 吕振宙, 宋述仿, 李洪双, 等. 结构机构可靠性及可靠性灵敏度分析[M]. 北京: 科学出版社, 2009.

[12] Zhang C Y, Bai G C. Extremum response surface method of reliability analysis on two-link flexible robot manipulator[J]. Journal of Central South University of Technology, 2012, 19(1): 101-107.

[13] 陆佑方. 柔性多体系统动力学[M]. 北京: 高等教育出版社, 1996.

[14] 张春宜, 白广忱, 向敬忠. 基于极值响应面法的柔性机构可靠性优化设计[J]. 哈尔滨工程大学学报, 2010, 31(11): 1503-1507.

[15] 刘善维. 机械零件的可靠性优化设计[M]. 北京: 中国科学技术出版社, 1993: 239-242.

[16] 张春宜, 刘令君, 孙旭东, 等. 航空发动机叶片多重响应面法可靠性分析[J]. 哈尔滨理工大学学报, 2016, 21(6): 22-27.

[17] Zhang C Y, Lu C, Fei C W, et al. Multiobject reliability analysis of turbine blisk with multidiscipline under multiphysical field interaction[J]. Advances in Materials Science and Engineering, 2015(5): 519-520.

[18] 张春宜, 路成, 费成巍, 等. 基于双重极值响应面法的叶盘联动可靠性分析[J]. 推进技术, 2016, 37(6): 1158-1164.

[19] 张春宜, 王爱华, 孙田井, 等. 基于双重响应面法的涡轮叶盘蠕变可靠性分析[J]. 机械强度, 2019, 41(4): 881-886.

[20] 赵洪志. 关于Miner法则应用的探讨[J]. 机械设计, 2007, 24(8): 9-11.

[21] Mao H Y. Probabilistic fatigue creep life prediction of composites[J]. Journal of Reinforced Plastics & Composites, 2004, 23(23): 361-371.

[22] 朱涛, 胡殿印, 王荣桥. 航空发动机涡轮盘低循环疲劳-蠕变寿命预测[J]. 科技创新导报, 2008, (25): 85-87.

[23] 王爱华. 涡轮叶盘疲劳—蠕变耦合失效可靠性分析[D]. 哈尔滨: 哈尔滨理工大学, 2018.

[24] 张春宜, 宋鲁凯, 费成巍, 等. 柔性机构动态可靠性分析的先进极值响应面方法[J]. 机械工程学报, 2017, 53(7): 47-54.

[25] Zhang C Y, Song L K, Fei C W, et al. Advanced multiple response surface method of sensitivity analysis for turbine blisk reliability with multi-physics coupling[J]. Chinese Journal of Aeronautics, 2016, 29(4): 962-971.

[26] 张春宜, 宋鲁凯, 费成巍, 等. 基于智能双重响应面法的涡轮叶盘可靠性灵敏度分析[J]. 推进技术, 2017, 38(5): 1155-1164.

[27] 于霖冲. 柔性机构动态性能可靠性分析方法研究[J]. 机床与液压, 2010, 38(23): 86-92.

[28] 韩彦斌, 白广忱, 李晓颖, 等. 基于支持向量机柔性机构动态可靠性分析[J]. 机械工程学报, 2014, 50(11): 86-92.

[29] Zhang C Y, Song L K, Fei C W, et al. Reliability-based design optimization for flexible mechanism with particle swarm optimization and advanced extremum response surface method[J]. Journal of Central South University of Technology, 2016, 23(8): 2001-2007.

[30] Fei C W, Bai G C. Nonlinear dynamic reliability sensitivity analysis for turbine casing radical deformation using extremum response surface method based on support vector machine[J]. Journal of Computational and Nonlinear Dynamics, 2013, 8(1): 1-8.

[31] 刘大响, 曹春晓. 航空发动机设计用材料手册[M]. 北京: 航空工业出版社, 2010.

[32] Zhang C Y, Wei J S, Jing H Z, et al. Reliability-based low fatigue life analysis of turbine blisk with generalized regression extreme neural network method[J]. Materials, 2019, 12(9): 1545.

[33] Liu C L, Lu Z Z, Xu Y L, et al. Reliability analysis for low cycle fatigue life of the aeronautical engine turbine disc structure under random environment[J]. Materials Science & Engineering A(Structural Materials: Properties, Microstructure and Processing), 2005, 395(1-2): 218-225.

[34] 中国金属学会高温材料分会. 中国高温合金手册[M]. 北京: 中国标准出版社, 2012.

[35] Zhu S P, Yue P, Yu Z Y, et al. A Combined high and low cycle fatigue model for life prediction of turbine blades[J]. Materials, 2017, 10(7): 698.

[36] Zhang C Y, Bai G C. Extremum response surface method of reliability analysis on two-link flexible robot manipulator[J]. Journal of Central South University, 2012, 19(1): 101-107.

[37] Lu C, Feng Y W, Liem R P, et al. Improved kriging with extremum response surface method for structural dynamic reliability and sensitivity analyses[J]. Aerospace Science & Technology, 2018, 76: 164-175.

[38] Shu M A, Wang K M, Hui M, et al. Research on turbine blade vibration characteristic under steady state temperature field[J]. Journal of Shenyang Aerospace University, 2011, 28(4): 18-21.

[39] 李本威, 赵勇, 蒋科艺, 等. 典型使用条件对发动机涡轮叶片蠕变寿命消耗的影响研究[J]. 推进技术, 2017, 38(5): 1107-1114.

[40] Zhang C Y, Wei J S, Wang Z, et al. Creep-based reliability evaluation of turbine blade-tip clearance with novel neural network regression[J]. Materials, 2019, 12(21): 3552.

[41] Ibanez A R, Srinivasan V S, Saxena A. Creep deformation and rupture behaviour of directionally solidified GTD111 superalloy[J]. Fatigue & Fracture of Engineering Materials & Structures, 2010, 29(12): 1010-1020.

[42] Zeng S Q, Zhang Z J. The forced creep analysis of nonmetallic material[J]. Applied Mechanics & Materials, 2012, 184-185: 692-695.

[43] Lattime S B, Steinetz B M. Turbine engine clearance control systems: current practices and future directions[J]. Journal of Propulsion and Power, 2004, 20(2): 302-311.

[44] Pilidis P, Maccallum N R M. Models for predicting tip clearance changes in gas turbines[C]. AGARD Conference Proceedings, Neuilly-Sur-Seine: AGARD, 1983.

[45] Annette E N, Christoph W M, Stephan S. Modeling and validation of the thermal effects on gas turbine transients[J]. Journal of Engineering for Gas Turbines and Power, 2005, 127(3): 564-572.

[46] Lv Q, Low B K. Probabilistic analysis of underground rock excavations using response surface method and SORM[J]. Computers & Geotechnics, 2011, 38(8): 1008-1021.

[47] Fei C W, Tang W Z, Bai G C. Novel method and model for dynamic reliability optimal design of turbine blade deformation[J]. Aerospace Science & Technology, 2014, 39: 588-595.

[48] Fei C W. Transient probabilistic analysis for turbine blade-tip radial clearance with multiple components and multi-physics fields based on DCERSM[J]. Aerospace Science and Technology, 2016, 50(2): 62-70.